橡胶树常见病害诊断及其防治

◎ 蔡志英　李国华　主编

中国农业科学技术出版社

图书在版编目（CIP）数据

橡胶树常见病害诊断及其防治 / 蔡志英，李国华主编 . — 北京：中国农业科学技术出版社，2017.8

ISBN 978-7-5116-3089-6

Ⅰ.①橡… Ⅱ.①蔡… ②李… Ⅲ.①橡胶树—病害—诊断 ②橡胶树—病害—防治 Ⅳ.① S763.741

中国版本图书馆 CIP 数据核字（2017）第 108095 号

责任编辑　姚　欢
责任校对　马广洋

出 版 者　中国农业科学技术出版社
　　　　　北京市中关村南大街 12 号　邮编：100081
电　　话　（010）82106636（编辑室）（010）82109704（发行部）
　　　　　（010）82109702（读者服务部）
传　　真　（010）82106631
网　　址　http：//www.castp.cn
经 销 者　各地新华书店
印 刷 者　北京富泰印刷有限责任公司
开　　本　787 毫米 ×1092 毫米 1 /16
印　　张　7.25
字　　数　150 千字
版　　次　2017 年 8 月第 1 版　2017 年 8 月第 1 次印刷
定　　价　48.00 元

◀━━━◀█ 版权所有·侵权必究 █▶━━━▶

《橡胶树常见病害诊断及其防治》

编委会

主　编：蔡志英　李国华

副主编：王树明　刘一贤　钏相仙　贺丽琼　穆洪军

编　委：（以姓氏笔画为序）

王树明　刘一贤　苏海鹏　李岚岚　李国华

张孝云　张利才　林有兴　钏相仙　段保停

施玉萍　贺丽琼　殷山山　殷振华　郭　涵

蒋桂芝　曾　雁　蔡志英　穆洪军　戴利铭

前　言

中国天然橡胶主要来源于巴西橡胶树（*Hevea brasiliensis*，以下简称橡胶树），迄今为止已有 100 多年的栽培历史。天然橡胶是四大工业原料之一，也是国防和经济建设中不可缺少的战略物资和稀缺资源。目前我国天然橡胶生产规模处于世界第四位，生产量处于世界第六位，而消耗量和进口量却处于世界第一位。我国橡胶树种植区主要分布于海南、云南、广东，云南具有发展天然橡胶得天独厚的环境资源优势，并已建成我国重要的天然橡胶生产基地。据统计，截至 2015 年，云南天然橡胶种植面积已达 57.35 万 hm^2，占全国的 49.44%，干胶产量占全国的 40%，已成为我国天然橡胶高产省份。

云南植胶区地处热带北缘，温暖湿润的气候条件十分利于病原微生物、害虫和杂草等有害生物的繁殖和蔓延。橡胶树的叶部、根部、茎部经常遭受多种传染性病虫害的危害，白茅等恶性杂草和附身植物也对橡胶树的生长和产胶构成威胁，寒害、冰雹、风害等灾害性气象及营养元素失调也能引起某些病虫害的发生蔓延，从而严重制约橡胶产量。同时，在贸易全球化和国内地区间农产品、人员、种质资源交流频繁的大背景下，国外发生的某些危险性病害入侵我国橡胶产区并产生扩散危害的概率增大。因此，准确识别橡胶树病害种类、危害特征，了解发生规律，及时发现危害并采取有效的防治措施，对实现天然橡胶的优质高产具有重要的意义。

本书是编者在多年从事橡胶树病害防治研究与实践的基础

上，吸收、总结橡胶植保领域国内外专家的科研成果和生产经验，并结合《中国天然橡胶病虫草害识别与防治》和《橡胶树主要病害诊断与防治原色图谱》两本著作进行编写的。全书分为橡胶树病害的诊断与方法、橡胶树侵染性病害和橡胶树非侵染性病害三大部分，并附有大量实地拍摄的橡胶树病害症状原图，系统介绍了橡胶树叶部、茎干部、根部主要病害，以及生理性病害的诊断方法；田间危害症状、病原、发病规律和防治措施等。同时，在附录中增加了编者在橡胶树病害普查中发现的目前国内尚无报道的 3 例橡胶树新病害（橡胶树链格孢叶斑病、狗尾草平脐蠕孢叶斑病、橡胶树干褐斑病），可为橡胶植保学者，技术推广人员及种植户准确诊断病害和有效防治病害提供重要参考。

本书的编著引用了一些国内外同行专家的科研成果和文献资料，西双版纳州气象局橡胶中心张利才工程师为本书提供了若干图片，还有许多同仁对本书的成稿提供了帮助，在此表示衷心感谢！

本书的出版得到现代农业产业技术体系建设专项资金——国家天然橡胶产业技术体系西双版纳综合试验站（No. CARS-34-ZD9）、2015 年云南省技术创新人才培养项目（No. 2016HB016）、省财政专项橡胶树病虫害防控技术研究与应用（云财农〔2015〕90 号文）、国家自然科学基金项目胶孢炭疽菌 *CgATPase* 调控的 α- 淀粉酶基因鉴定及作用机理研究（No.31660502）、云岭产业技术领军人才培养项目（云发改人事〔2014〕1782 号文）等资金的资助，谨此致谢！

本书可供相关领域的科学研究、技术推广和种植生产人员参考。因编写时间仓促，编写内容难免有不妥和遗漏之处，敬请广大读者、同行、专家提出宝贵意见。

云南省热带作物科学研究所 　蔡志英

2017 年 5 月

目 录
CONTENTS

目 录
CONTENTS

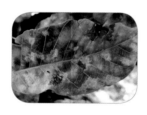

目 录
CONTENTS

第一章

橡胶树病害的
诊断与方法

第一节

橡胶树侵染性病害和非侵染性病害的诊断

一、橡胶树病害田间分析判断

1. 两大类型病害的田间分布及发生发展规律

植物的非侵染性病害主要是由环境中不适合的化学或物理因素直接或间接引起的。化学因素引起的植物非侵染性病害中最常见的有植物营养失调、药害和环境大气污染等；物理因素主要包括温度胁迫、光照胁迫、水分或湿度不适等。非侵染性病害可降低植物对病原物的抵抗能力，更有利于侵染性病原的侵入和发病；侵染性病害有时也会削弱植物对非侵染性病害的抵抗力。非侵染性病害在田间的主要发生特点是：无病征、均匀分布性、无传染性、可恢复性和关联性。

橡胶树侵染性病害（infectious disease）是一类由生物因子即生物病原物（biopathogen，或简称病原物）引起的病害。侵染性病害具有特定的侵染过程，其最大特点是具有传染性，也称为传染性病害。侵染性病害的性质、特点和一些基本规律，常常因病原物的不同而异。不同病原物所致的病害，在症状表现、侵染过程、传播途径上各具特点。橡胶树病害发生发展的特点，常与病原物的生理、生态特性密切相关。掌握橡胶树病害的发生发展规律，在很大程度上要从揭示病原物的特性入手。

橡胶树侵染性病害的发生发展强调的是寄主橡胶树和病原物在个体水平上的相互作用，这个过程以病原物为主线，涉及病原物的越冬和越夏、病原物接种体的释放和传播、病原物侵染寄主橡胶树的过程以及病害的发展和延续。病原物是造成橡胶树侵染性病害的物质基础，病原物与寄主的接触是病害发生的前提条件。

2. 两大类型病害的田间分析判断

（1）非侵染性病害的田间分析判断

橡胶树非侵染性病害和侵染性病害的关系十分密切。非侵染性病害可降低橡胶树对病原物的抵抗能力，更有利于侵染性病原的侵入和发病。如橡胶树白粉病就是因为低温、阴雨降低橡胶树的抵抗力，使白粉菌等更易于侵染造成的。同样，侵染性病害有时也会削弱橡胶树对非侵染性病害的抵抗力。如某些叶部病害不仅引起橡胶树提早落叶，也使植株更容易受冻害和霜害。研究橡胶树的非侵染性病害不但可为此类病害的诊断和防治提供科学依据，而且有助于进一步研究外界环境因素在侵染性病害发生发展及其控制中的作用。

橡胶树的非侵染性病害和一些侵染性病害的症状很相近，正确诊断和区别这两类性质不同的橡胶树病害，对有效地采取相应的防治措施是十分重要的。非侵染性病害在田间的主要发生特点是：无病征，但是感病后期由于抗病性降低，病部可能会有腐生菌类出现；均匀分布性，田间无发病中心，往往受地形、地貌的影响大，发病比较普遍。面积较大；无传染性，不会在植株间或器官间蔓延，但有时受害症状有一个短期的发展变化过程；可恢复性，有些非侵染性病害在适当的条件下，病状可恢复正常，如缺素症在补给相应元素后可恢复；关联性，物理因素引起的非侵染性病害一般与灾害性天气，如气温、干旱、洪涝等有关联，药害、肥害与施药、施肥的农事操作有关联，污染与污染源有关联等。非侵染性病害的诊断除了根据田间症状的表现外，还可以进行治疗性诊断。根据所推断导致非侵染性病害的原因，进行针对性的施药处理、施肥处理或改变种植环境条件，观察病害的发展情况。如通常情况下，橡胶树的缺素症在施肥后症状可以很快减轻或消失。

（2）传染性病害的田间分析判断

田间诊断指在田间病害发生现场对植物病害进行实地考察和分析诊断。在考察中应详细调查记载病害发生的普遍性和严重性，病害发生的快慢，在田间的分布，发生时期，寄主品种及其生育期，受害部位，症状（病状和病征），以及发病田的地势、土壤，昆虫活动和环境条件等。根据病害在田间的分布发展特点、病株发病情况及近期内的天气变化以及施肥、喷药、灌排水等农事操作情况等，综合分析，对病害做出初步推断。

传染性病害的诊断程序一般包括：全面细致地观察、检查发病植株的症状；调查询问病史和相关情况；采样检查（镜检或剖检）病原物形态或特征性结构；进行必要的专项检测；综合分析病因，提出诊断结论。

为了提高诊断准确性，在进行诊断时要注意以下几点：尽可能掌握与病害有关的资料和信息，必要时要现场调查和重新取样；要了解近期内的天气变化以及施肥、喷药、灌排水等农事操作情况；要根据症状特征判断病因；要考虑到病害的复杂性，诊断要留有余地；应建立病害档案制度，定期核对诊断的准确性。

病害的现场观察和调查对于初步确定病害的类别、进一步缩小范围很有帮助。现场的观察要细致、周到，由整株到根、茎、叶、花、果等各个器官，注意颜色、形状和气味的异常；由病株到周围植株，再到全田、邻田，注意病害在田间分布的特点；注意地形、地貌、邻近作物或建筑物的影响。病害的调查要注意区分不同的症状，尽可能排除其他病害的干扰。

现场观察到的病害症状和特点是病害的本来面目，避免了单凭几株送检标本进行诊断所出现"只见树木，不见森林"的片面性和由于送检标本缺乏典型性或不新鲜而导致的"失真"或偏差。而且，各种病害在田间的发生发展都表现一定的规律，现场观察可以发现这种规律性。这些都有利于对病害进行客观准确的判断。对于常见的植物病害，有经验的植病工作者经过细致的田间诊断一般就能得出正确的结论。当然，对于较复杂或不常见的病害，或新病害，还需要进一步做必要的检测或试验。

二、非侵染性病害的室内鉴定

橡胶树的非侵染性病害（noninfectious diseases）一般是指橡胶树在生长发育过程中遭遇到不适的非生物因素，直接或间接引起的一类病害。橡胶树非侵染性病害在橡胶树个体间不能互相传染，所以又称为非传染性病害或生理性病害。引起橡胶树非侵染性病害的因素主要有化学因素和物理因素，少数是橡胶树自身遗传因素。化学因素引起的橡胶树非侵染性病害中，最常见的有营养失调、药害和环境污染物中毒等。当前橡胶栽培管理制度和措施发生了很大变化，如乙烯利刺激割胶，保护地套种多样化，橡胶树赖以生存的环境逐步人工化，化肥、农药的大量使用，社会工业化过程造成的环境污染等使橡胶树生长的环境恶化。化学因素引起的非侵染性病害种类不断增多，发病面积扩大，给橡胶生产带来较大的影响。引起橡胶树非侵染性病害的物理因素，主要包括温度胁迫、光照不适、水分失调和通风不良等。不同橡胶树或器官对不良物理因素的反应不同，较为敏感的橡胶树或器官往往先表现症状，当不良物理因素消失时，病害即停止发展，病株大多可恢复正常。

非侵染性病害的病株在群体间发生比较集中，发病面积大而且均匀，没有由点到面的扩展过程，发病时间比较一致，发病部位大致相同。如日灼病都发生在叶、枝干的向阳面，除日灼、药害是局部病害外，通常植株表现在全株性发病，如缺素病、旱害、涝害等。

试验推断法是植物病害常用诊断方法之一，特别适用于非侵染性病害及没有病征的病毒、类病原体等侵染性病害的诊断与鉴定。

1. 症状观察

对病株上发病部位，病部形态大小，颜色、气味、质地，有无病症等外部症状，用肉眼和放大镜观察。非侵染性病害只有病状而无病症，必要时可切取病组织表面消毒后，置于保湿（25~28℃）条件下诱发。如经24~48 h仍无病症发生，可初步确定该病不是真菌或细菌引起的病害，而属于非侵染性病害或病毒病。

2. 显微镜检

将新鲜或剥离表皮的病组织切片并加以染色处理。显微镜下检查有无病原物及病毒所致的组织病变（包括内含体），即可提出非侵染性病害的可能性。

3. 环境分析

非侵染性病害由不适环境引起，因此应注意病害发生与地势、土质、肥料及当年气象条件的关系，栽培管理措施，排灌，喷药是否适当，城市工厂三废是否引起植物中毒等。都应做分析研究，才能在复杂的环境因素中找出主要的致病因素。

4. 病因鉴定

确定非侵染性病害后，应进一步对非侵染性病害的病原进行鉴定。

（1）化学诊断

化学诊断也称化学分析法。经过初步诊断，如怀疑病因可能是土壤或肥料中的因素，可进一步采用化学分析法。通常对病组织或病田土壤的成分和含量进行测定，并与正常值比较，从而查明过多或过少的成分，确定病因。这一诊断法对植物缺素症和盐碱害的诊断较可靠。

（2）人工诱发

根据初步分析的可疑病因，人为提供类似的发病条件，如低温：缺乏某种营养元素以及药害等，对已发病植株相同植物（品种）的健康植株进行处理，观察其是否发病。如果处理植株发病，且症状与原来的发病植株症状相同，则可推断先前分析的病因是正确的。此法适于温度、湿度不适宜，元素过多或过少，药物中毒等病害。

（3）指示植物鉴定

指示植物鉴定法又称生物测定，常用于鉴定病毒病和缺素症病原。鉴定缺素症病因时，针对提出的可疑病因，选择最容易缺乏该种元素，且症状表现明显而稳定的植物，种植在疑为缺乏该种元素的植物附近，观察其症状反应，借以鉴定待诊断植物病害是否因缺乏该种元素所致。这种具有指示作用的植物称为指示植物。常见的缺氮指示植物有花椰菜和甘蓝，缺磷指示植物有油菜，缺钾指示植物有马铃薯和蚕豆，缺钙指示植物有花椰菜和甘蓝（症状表现与缺氮时不同），缺铁指示植物有甘蓝和马铃薯，缺硼指示植物有甜菜和油菜。鉴定病毒病时，可取病叶汁液摩擦接种指示植物，观察接种反应，据以判断病害的侵染性和病原种类。例如，烟草花叶病毒接种心叶烟，黄瓜花叶病毒接种苋色藜，均产生枯斑症状。

（4）排除病因

根据田间发病植物的症状表现和初步分析的可疑病因，拟定最可能有效的治疗措施，进行针对性地施药处理，观察病害的发展情况。例如对表现黄化症状、经初步分析怀疑为菌原体病害的植株，采用四环素注射治疗，如处理后植株症状消失或减轻，则可诊断为菌原体病害；对怀疑缺钾的植株，采用磷酸二氢钾叶面喷施，如处理后植株症状消失或减轻，则可诊断为缺钾症；根腐病若是由于土壤水分过多引起的，可以开沟排水，降低地下水位以促进植物根系生长，如果病害减轻或恢复健康，说明病原诊断正确。

三、侵染性病害的室内鉴定

实验室诊断是田间诊断的补充或验证。当一种病害经过田间诊断后，由于该病害较复杂或不常见或属于新的病害等原因，尚不能确诊时，就需对其做进一步的检测或试验，以查明病因。

1.侵染性病害的实验室诊断

对疑为侵染性病害的，首先应取具有典型症状的标本做病原物显微镜检测和鉴定。若病部有病征，可直接从病、健交界处取少许病征用普通显微镜检查病原物的形态特征。若病部无病征，疑为真菌病害时，可取病组织保湿培养后，再镜检；疑为细菌性病害时，可镜检病组织有无喷菌现象；疑为病毒病害时，可撕取病组织表皮镜检有无内含体存在，有条件的实验室还可在电镜下观察病组织中有无病毒粒体。

对常见病害一般通过观察症状、镜检病原和查阅有关文献资料即可确定，对少见的或新的病害，不能仅凭病部发现的可疑病原物就仓促地下结论，通常还应进行分离培养和鉴定，并做致病性试验或生物测定。

在具备条件的实验室，有针对性地采用生理生化、免疫学和分子生物学等检测技术，可以对病害实行快速准确的诊断。

2.柯赫氏法则

从植物上发现一种病原物，如果原来已知这种病原物能引起某种病害，就可以参考专门手册鉴定这种病原物，病害的诊断即告完成。但如果看到的这种生物可能是引起病害的病原物，而以前又没有资料来支持这个结论，那就需要采用柯赫氏法则来证明这种推测。

柯赫氏法则（koch posulate）又称证病律，通常是用来确定侵染性病害病原物的操作程序，其具体步骤为：a.在发病植物上常伴随有一种病原生物的存在；

b. 该生物可在离体或人工培养基上分离纯化而得到纯培养；c. 所得到的纯培养物能接种到该种植物的健康植株上，并能在接种植株上表现出相同的病害症状；d. 从接种发病的植物上再分离到这种病原生物的纯培养，且性状与原来分离的相同。如果进行了上述 4 个步骤，并得到确实的证明，就可以确认该生物即为该病害的病原物。

柯赫氏法则常用于侵染性病害的诊断和鉴定，特别是新病害的鉴定。非专性寄生物，如绝大多数植物病原菌物和细菌所引致的病害，可以很方便地应用柯赫氏法则来进行诊断和鉴定。至于一些专性寄生物如植物线虫、病毒、菌原体、霜霉菌、白粉菌和锈菌等，由于目前还不能在人工培养基上培养，以往常被认为不适合于应用柯赫氏法则，但现已证明柯赫氏法则也同样适用于这些生物所致病害的诊断，只是在进行人工接种时，直接从病株组织上取线虫、孢子，或采用带病毒或菌原体的汁液、枝条、昆虫等进行接种。但病毒和菌原体的接种需要搞清传播途径。当接种株发病后，再从该病株上取线虫、孢子，或采用带病毒或菌原体的汁液、枝条、昆虫等，用同样方法再进行接种，当得到同样结果后才可证实该病的病原为这种线虫、菌物或病毒。因此，所有侵染性病害的诊断与病原物的鉴定都必须按照柯赫氏法则来验证。

柯赫氏法则同样也适用于非侵染性病害的诊断，只是以某种怀疑因素来代替病原物的作用。例如，当判断是缺乏某种元素引起病害时，可以用适当的方法补施该种元素，如果处理后植株症状得到缓解或消除，即可确认病害是因缺乏该元素所致。

橡胶树病害经验诊断法

一、症状学诊断

症状是植物发生某种病害以后在内部和外部显示的表现型，每一种病害都有它特有的症状表现。人们认识病害首先是从病害症状的描述开始，描述症状的发生和发展过程，选择最典型的症状来命名这种病害，如橡胶树白粉病、麻点病等。从这些病害名称就可以知道它的症状类型。反过来，我们可以根据症状类型和病征，对某些病害样本做出初步的诊断，确定它属于哪一类病害，它的病因是什么。有些病害，例如橡胶树白粉病、尖孢炭疽病，通过症状鉴别即可确诊。因此，症状在植物病害诊断中具有重要的作用。

植物病害的症状具有复杂性，可表现出种种变化。多数情况下，一种植物在特定条件下发生一种病害以后只出现一种症状，如花叶、叶斑、腐烂或萎蔫等。但有不少病害的症状并非只有一种或固定不变，可以在不同阶段或不同抗性的品种上，或者在不同的环境条件下出现不同的症状；其中常见的一种症状，就称为典型症状。例如，烟草花叶病毒侵染普通烟后，寄主表现花叶症状，但它侵染心叶烟后，植株却表现枯斑症状；橡胶树感染白粉病后，通常在病部出现一层白粉，但在叶片老化和高温的条件下则表现为白色癣状斑。有的病害在一种植物上可以同时或先后表现两种或两种以上不同类型的症状，这种现象称为综合征（syndrome）。例如，橡胶树根病在叶部表现为树梢发黄、叶缘反卷，在根部出现腐烂、坏死；油菜霜霉病在叶片上出现不规则黄斑，在花序上出现龙头状畸形。当植物发生一种病害的同时，有另一种或另几种病害同时在同一植株上发生，可以出现多种不同类型的症状，这种现象称为并发症（complex disease），其中伴随发生的病害称为并发性病害。如柑橘发生根线虫病时常并发缓慢性衰退病。当植物感染一种病害以后，可继续发生另一种病害，这种继前一种病害之后而发生的病害称为继发性病害（succeeding disease）。如橡胶树感染白粉病后，极易发生炭疽病。综合征、并发症、继发性病害是不同的，容易混淆，在诊断时应注意加以鉴别，否则会影响诊断的准确性并导致防治决策上的错误。

当两种病害在同一植株上发生时，可以出现两种病害各自的症状而互不影响；但有时这两种症状在同一个部位或同一器官上出现，就可能彼此干扰，发生拮抗现象，即只出现一种症状或很轻的症状，也可能出现相互促进、加重症状的协生现象，甚至出现了完全不同于原有两种各自症状的第三种类型症状。因此，拮抗现象和协生现象都是指两种病害在同一株植物上发生时出现症状变化的现象。

隐症现象（masking of symptom）也是症状变化的一种类型。一种病害的症状出现后，由于环境条件的改变，或者使用农药治疗以后，原有症状逐渐减退直至消失。隐症的植物体内仍有病原物存在，是个带菌植物，一旦环境条件恢复或农药作用消失后，植物上的症状又会重新出现。有些植物病害还有潜伏侵染现象（latent infection），即病原物侵入寄主后长期处于潜伏状态，寄主不表现或暂不表现症状，而成为带菌或带毒植物。引起潜伏侵染的原因很多，可能是寄主有高度的耐病力，或者是病原物在寄主体内发展受到限制，也可能是环境条件不适宜症状出现等。由此可见，潜伏侵染与隐症是相互不同而又易相互混淆的两种病害现象，在诊断时应注意区分。

当我们掌握了大量的病害症状表现，尤其是综合征、并发症、继发性病害以及潜伏侵染与隐症现象等症状变化后，就可以根据症状类型、病征及病害症状的变化特点对植物病害进行综合分析，可以避免片面性，有利于对病害做出客观准确的判断。

二、病原物常规检测和鉴定

病原物常规检测和鉴定的方法有保湿培养和显微镜鉴定。

1. 保湿培养

保湿培养是将病组织置于能保持较高湿度的容器或装置内培养，以促进病组织表现典型症状或产生病征。最常用的简便方法是，取一洁净的培养皿或有盖搪瓷盘（大小可根据拟培养的病组织体积而定），底部铺放一至数层脱脂棉或草纸，加水使其充分湿润，沥去多余水分，放入洗净的新鲜病组织（根、茎、叶或较小的植株等），也可先放置玻棒，再将病组织架在玻棒上，然后盖上培养皿或搪瓷盘，置于25℃左右的室内或恒温培养箱内培养24~48 h后取出检查。当然，有条件时也可将洗净的新鲜病组织置于调温、调湿培养箱中，在25℃和95%以上的空气相对湿度下培养。一般侵染性病害的病组织经保湿培养后即会出现明显症状和病征，例如菌物病害会出现菌丝体、霉层等，细菌性病害可出现菌脓。但难培养的细菌、病毒或菌原体所引致病害则只表现病状，不出现病征。

2. 显微镜鉴定

显微镜鉴定是利用普通显微镜检查病原物形态特征或病组织的内部病理变化，一般可以分为下列步骤进行：a. 用挑针从病部挑取少许病征或将病部制成切片，放在载玻片上，加一滴蒸馏水（也可用冷开水代替），并覆以盖玻片。b. 将载玻片放在显微镜台上，调整反光镜，对好光线，并调好光圈。c. 先用低倍镜（10 × 10倍）观察，看清楚物像以后，再用高倍镜（10 × 40倍）观察。注意观察病原物的形态，例如菌物菌丝有无隔膜，孢子或子实体的形状、颜色、大小、隔膜数目等。如为细菌病害，一般可以看到有大量细菌从病部溢出（菌溢）。这是诊断细菌病害比较简易和准确的方法。菌液从维管束或薄壁细胞组织溢出，由此可以初步了解是哪一类型的病害，如萎蔫型的维管束组织病害，菌液是从维管束组织中溢出来的。对植物病毒病害的显微镜检查，除观察病植物中的内含体外，还可以用化学方法测定病组织中某些物质的累积，作为诊断的参考依据。例如，黄化型病毒病可以从叶脉或茎部切片中观察到韧皮部细胞的坏死。植物感染病毒病后，组织内往往有淀粉积累，可用碘或碘化钾溶液测定其显现的深蓝色淀粉斑。植物线虫，特别是根结线虫的观察是比较简单的，将植物的根放在载玻片上，加一滴碘液（碘0.3 g，碘化钾1.3 g，水100 mL），另用一块玻片放在上面轻压，线虫即被染为深褐色，根部组织呈淡金黄色。

三、综合推断法

橡胶树病害的诊断，首先要区分是属于侵染性病害还是非侵染性病害。许多病害的症状有很明显的特点，可作为病害诊断的依据。然而，症状可因植株生理生化状况和环境的差异而发生变化，表现出复杂性。因此，要做出正确的诊断不能仅根据外表的症状，还需要详细和系统检查，然后对所掌握的病害的传染性、环境、症状（病状、病征）、农事操作以及专项检测资料或信息进行综合分析，做出推断。

1. 侵染性病害

侵染性病害是由病原生物侵染所引致的，具有相互传染的特征，在田间有一个发生发展或传染的过程；在一定的品种或环境条件下，植株间发病程度轻重往往不一；症状有一定的特征，在病株的表面或内部可以发现其病原生物的存在。大多数的真菌病害、细菌病害和线虫病害以及所有的寄生性植物，可以在病部表面看到病原物（病征），少数要在组织内部才能看到，多数线虫病害侵染根部，要挖取根系仔细查找。应该注意的是，所有的病毒病害、植原体病害和原生动物所致的病害以及部分菌物病害和细菌病害，在病株表面都没有病征，但可以通过观察病害的症状特点来加以识别。

（1）菌物病害

大多数菌物病害在病部产生霉状物、粉状物、粒状物等病征，或经保湿培养即可观察到病菌的子实体。但要区分这些子实体是真正病原菌物的子实体，还是次生或腐生真菌的子实体，因为在病部尤其是老病斑或病斑的坏死部分常有腐生真菌的污染。较为可靠的方法是从新鲜病斑的边缘取样镜检或分离，此时应注意选用合适的培养基，也可以选用一些特殊性诊断技术，必要时可进行回接试验，若接种后发生同样病害，即可得到明确的结论。

（2）细菌病害

大多数细菌病害的症状有一定特点，初期病部呈水渍状或油渍状，半透明，病斑上有菌脓外溢。细菌病害常见的症状是斑点、腐烂、萎蔫和肿瘤。真菌也能引起这些症状，但病征与细菌病害截然不同。喷菌现象是细菌病害所特有的，因此可取新鲜病组织切片镜检有无喷菌现象来判断是否为细菌病害。用选择性培养基来分离细菌，进而接种测定过敏反应也是很常用的方法。此外，通过酶联免疫吸附测定（ELISA）和噬菌体检验也可进行细菌病害的快速诊断和鉴定。

（3）病毒病害

病毒病的特点是无病征，症状以花叶、矮缩、坏死为多见。撕取表皮，镜检时，有时可见有内含体。在电镜下可见到病毒粒体和内含体。采用病株叶片汁液摩擦接种或用蚜虫传毒接种健康植株，可引起接种指示植物（鉴别寄主）产生特殊症状反应。ELISA 是目前广泛采用的病毒病快速诊断方法。对于新的病毒病害还需要做进一步的鉴定试验。

（4）植原体病害

植原体病害的特点是植株矮缩、丛枝、小叶与黄化，少数出现花变叶或花变绿；无病征。只有在电镜下才能看到植原体。采用四环素注射治疗以后，初期病害的症状可以隐退、消失或减轻。

（5）线虫病害

线虫病的症状有虫瘿或根结、胞囊、茎（芽、叶）坏死、植株矮化、黄化、呈缺肥状，在发病植物的根表、根内、根际土壤、茎或籽粒（虫瘿）中可镜检到植物寄生线虫。

（6）寄生性植物所致病害

寄生性植物所致病害也表现为植株矮化、黄化、生长不良，在病植物上或根际可以看到其寄生性植物，如菟丝子、列当、寄生藻等。

（7）复合侵染所致病害

当一株植物上有相同或不同种类的两种或两种以上的病原物侵染时，植物可以表现一种或多种类型的症状。例如，两种病毒、两种菌物以及线虫和真菌所引起的复合侵染是较为常见的。在这种情况下，首先要按照柯赫氏法则确定病原物的种类，然后按照上述各类病原所致病害的诊断方法进行。

2. 非侵染性病害

如果病害在田间大面积同时发生，没有逐步传染扩散的现象，而且从病株上看不到任何病征，也分离不到病原物，则大体上可考虑为非侵染性病害。除了植物遗传性疾病之外，非侵染性病害主要是不良的环境因素所致。不良的环境因素种类繁多，但大体上可从发病范围、病害特点和病史几方面来分析。下列几点可以帮助诊断其病因：a. 病害突然大面积同时发生，处于同一环境条件的相同品种植株间发病程度较为一致，大多是由于大气污染、水源污染、土壤污染或恶劣气候等因素所致，如毒害、烟害、冻害、干热风害、日灼等。b. 发病植株有明显的枯斑、灼伤、畸形，且多集中在某一部位的叶或芽上，大多是由于使用农药或化肥不当所致。c. 病害只限于某一品种发生，植株间发病程度相对一致，症状多为生长异常，如畸形、白化、不实等，而处于同一环境条件的其他品种未见该种异常，则病因多为遗传性障碍。植株生长不良，表现明显的缺素症状，尤以老叶或顶部多见，多为缺乏必需的营养元素所致。

在非侵染性病害诊断时需要注意以下两点：一是非侵染性病害的病组织上可能存在非致病性的腐生物，要注意分辨；二是侵染性病害的初期病征也不明显。而且病毒、类病原体等病害也没有病征，需要在分析田间症状特点、病害分布和发生动态的基础上，结合组织解剖、免疫检测或电镜观察等其他方法进一步诊断。对于没有病征的病毒、类病原体等病害，可以通过田间有中心病株或发病中心（连续观察或仔细调查）、症状分布不均匀（一般幼嫩组织症状重，成熟组织症状轻甚至无症状）、症状往往是复合的（通常表现为变色伴有不同程度的畸形）等特点与非侵染性病害相区别。

四、疑难病害的辨诊

如前所述，植物病害的症状表现多种多样，加上综合征、并发症、继发症、潜伏侵染与隐症现象等症状变化，更增加了症状的复杂性和病害诊断的难度。正如人类疾病一样，植物病害也存在疑难杂症，单凭病害的症状表现来加以诊断，有时会犯"抓了表象，放了实质"的片面性错误。因此，对植物疑难杂症必须进行细心的辨诊。

总的原则是，要严格进行植物病害的诊断程序，全面细致地观察待查植物的症状，调查询问病史和相关情况，采样检查（镜检或剖检）病原物形态或特征性结构，进行必要的专项检测，综合分析病因；同时，要注意综合征、并发症、继发症、潜伏侵染与隐症现象等的辨析。按柯赫氏法则进行病原鉴定，是植物疑难杂症辨诊最基本、最可靠的途径。

第三节

橡胶树病原物的检测方法

植物病原物的快速、简便和准确的检测是植物病理学家梦寐以求的目标之一。在植物病害检测中，传统的检测方法一般是在植物出现症状之后，通过观察其症状表现，进行病原物的分离等一系列的过程，最终才得出鉴定结果，而且有一些病原物在分离鉴定时遇到较大的困难，尤其是大多数专性寄生菌难以人工离体培养，随着一些新技术的问世，使得许多病原菌的快速检测成为可能。

一、病原物分离培养技术

分离、培养病原菌是植物病理学研究工作中最常用的技术，病原物的分离是指将该病原菌从发病组织上与其他微生物分开；病原物的培养是指将分离的病原菌移到可以让这种病原菌正常生长的营养基质即培养基上，从而获得其纯培养。病原物（真菌、细菌）的分离与培养，一般经以下几个步骤。

1. 消毒灭菌和培养基的制备

分离前必须对相关器皿进行彻底消毒，以防止带入新的污染物。灭菌使用的技术有：高温干燥灭菌（烘箱，180 ℃，2 h），主要用于玻璃器皿等干燥器材；蒸汽灭菌（高压锅，121℃，20 min），主要用于培养基、蒸馏水等非干性物质；消毒液灭菌（酒精和升汞等），主要用于接种针 / 环等工具、植物组织表面等；紫外线灭菌，用于操作台。在操作前对操作台进行紫外照射 0.5 h 以上，消除空气中微生物的影响。此外，在病原菌分离过程中还经常使用酒精灯外焰进行分离刀、接种针 / 环等的灭菌。

病原菌在适合的培养基上才能良好生长，培养基提供了病菌生长需要的碳源、氮源、无机盐、维生素以及水分等，同时还提供了病菌生长适合的 pH 值环境。一般真菌微酸，细菌微碱，培养基按是否加入琼脂分为固体培养基和液体培养基。马铃薯葡萄糖琼脂培养基（PDA）适合于许多病原菌的培养，肉汁胨培养基（NA）适合培养细菌，这两者是植病研究工作中最为常用的培养基。

一些病原菌需要特定的培养基才能生长，如疫霉（*Phytophthora*）等必须用燕麦培养基培养。为了加强分离效果，经常在培养基中加入一些物质，抑制非目标物的生长，或是使用选择性培养基，可达到良好的效果。更多的情况是，许多病原菌还无法在人工培养条件下生长，必须在活体上才能存活。

在培养基配制完之后，必须经过灭菌，以便彻底杀死其中原有的一切微生物。

2. 分离材料的选择

为降低腐生菌的干扰，以新鲜发病的植物组织做分离材料为好。选取发病部位和健全部位之间（病健交界处）的组织进行分离，效果较好。

3. 病原菌的分离

病原菌的分离方法主要有组织分离法和稀释分离法，对于植物茎块等较大发病组织，对其表面消毒后直接挖取内部组织放于培养基中培养，可获得很满意的结果。对叶片等较薄的发病组织，将其切成小块放进消毒液中消毒后，用无菌水除去消毒液后再移到培养基中培养。对细菌和在植物组织上产生大量孢子的病原菌物，还可使用稀释分离法，将小块发病组织在无菌水中捣碎，待病菌在水中扩散后取少量液滴至培养基中即可。

4. 病原菌的培养

分离一段时间后，病原菌在培养基上长出，应及时对其进行纯化，并经确认为目标菌后进行长期保存。

病毒为专性寄生，分离培养需在特定植物上进行，一般是将发病组织的汁液接种寄主植物，借以分离保存病菌。一些发病植株为复合感染，可通过病毒的传染方式（机械、虫媒）差异或是寄主范围的差异进行分离。

二、电子显微技术

电子显微镜的诞生打开了人类认识微观世界的大门，为生物学、细胞学、病毒学领域的发展做出了重要贡献，电镜实现了直接观察病毒的可能，成为最直接、最准确的检测病毒的手段，它可以直接看到病毒的形态结构、存在与否，所以在进入分子水平的今天它仍然有着不可替代的作用。

电子显微镜下所观察到的病毒形状和大小是一个相当稳定的特征，因而对病毒鉴定是很重要的。对于杆状或线状病毒，可不经提纯而直接用病株粗汁液观察。最简单的是浸渍法，取小块病叶，用针扎几个洞，然后加上几滴蒸馏水，浸渍 1~2 s，制片后，即可在电镜下观察，测量 100 个以上病毒粒体的长度和宽度，以长度为横坐标，病毒粒体数为纵坐标作图，以主峰的长度代表该病毒的长度，可对病毒做出较明确的鉴定。球状病毒不宜用组织汁液直接进行观察，因为植物汁液中含有许多球状的正常组分，其大小与病毒相近，需要经提取或提纯后才能鉴定病毒的形态大小。

1. 电镜负染检测法

电镜负染技术 20 世纪 60 年代始于英国实验室，当时人们发现一些重金属离子能围绕核蛋白体四周沉淀下来，形成一个黑暗的背景，在核蛋白体内部不能沉积而形成一个清晰的亮区，其图像如同一张照相的底片，因此人们习惯地称为负染色，电镜负染技术也就由此而生。

2. 免疫电镜检测法

免疫电镜技术是将免疫学原理与电镜负染技术相结合的产物，免疫电镜法利用了抗体、抗原的亲和性与吸附性的特点，在制样过程中，于铜网上先铺展一层细胞色素 A，稍后再添加一滴抗体，多余液滴用滤纸吸掉，最后点上一滴抗原和染液。由于细胞色素 A 的作用，减少了样品即抗体、抗原的表面能力，能形成均匀的涂层，再加上抗体、抗原的吸附作用，使病毒能沉积在有效视野内，从而便于电镜下的观察，大大提高了检测概率。

3. 透射电子显微镜

透射电子显微镜是把经加速和聚集的电子束投射到非常薄的样品上，电子与样品中的原子碰撞而改变方向，从而产生立体角散射。散射角的大小与样品的密度、厚度相关，因此可以形成明暗不同的影像。通常，透射电子显微镜的分辨率为 0.1~0.2 nm，放大倍数为几万到几百万倍，用于观察超微结构，即小于 0.2 μm、光学显微镜下无法看清的结构，又称"亚显微结构"。

4. 扫描电镜

用聚焦电子束在试样表面逐点扫描成像。由电子枪发射的能量为 5~35 keV 的电子，在扫描线圈驱动下，于试样表面按一定时间、空间顺序做栅网式扫描。聚焦电子束与试样相互作用，产生二次电子发射（以及其他物理信号），二次电子发射量随试样表面形貌而变化。二次电子信号被探测器收集转换成电讯号，经视频放大后输入到显像管栅极，调制与入射电子束同步扫描的显像管亮度，得到反映试样表面形貌的二次电子像。

三、生物学方法

1. 传播介体

对于介体传染的病毒，其传毒的特性对于病毒的鉴定是重要的。其中特别有价值的是介体种类，传毒是持久性还是非持久性的，由饲毒到传染所需时间的长短，获得病毒后保持传毒能力的时间，以及病毒能否在介体内繁殖等。应当注意的是，同一种病毒的不同株系，其传毒介体可能不同。

2. 噬菌体技术

1900 年加拿大微生物家 Herelle 发现噬菌体，利用其对一些细菌的专化性来鉴别同一种细菌的不同菌系。噬菌体接触到其敏感的细菌时，以它的尾部末端吸附细菌，其中的脱氧核糖核酸通过尾部注入细菌的细胞内，控制并改变了细菌的代谢活动并在其中分别复制，形成新的噬菌体，于是细菌就消解而释放出新形成的噬菌体，此时培养的细菌就会发生明显变化，原来浑浊的细菌悬浮液逐渐变澄清，琼脂平板出现无菌的透明噬菌斑。

利用噬菌体做定性检测时，需要注意所用噬菌体的寄生专化程度，一般多选几株噬菌体进行测试，以防止得出片面的结论。同时，日光、紫外线、表面活性物质等条件和酸、碱、强氧化剂等理化因素常使噬菌体钝化失活。

3. 鉴别寄主

病害的致病因子一旦确定为病毒，需要做一系列的试验来确定其种类，将纯化的植物病毒接种在寄主植物和其他植物上，观察表现的症状。某种病毒在某种寄主植物上表现特殊的症状，就可以用这种寄主植物来鉴别这种病毒，具有这种鉴别作用的植物，称为鉴别寄主。植物病毒的鉴别寄主很多，常用的有普通烟、心叶烟、千日红等。例如，马铃薯 X 病毒接种在千日红上形成局部紫环枯斑，因此千日红就是马铃薯 X 病毒最好的鉴别寄主。

如果病毒是机械传播，用病毒的几项特征就可以把这种病毒的范围缩小到少数几种之内。这些特征包括：病毒的钝化温度，离体病毒的存活期和病毒的稀释限点。此时，如果病毒的鉴定仍有疑问，可以采用血清学方法。如果血清反应是阳性，就可以做出初步的鉴定。电镜的观察通常也适用于对病毒的初步鉴定。

对于比较少见的或新的病毒，就要进行较多的工作，并与有关的病毒进行比较，确定异同。首先，通过接种确定它的症状类型（花叶型、黄化型、环斑型等），再接种到其他植物上确定寄主范围，并从各种寄主植物上症状的变化选择适当的鉴别寄主。与此同时，确定该病毒是如何传染的，是非介体传播还是介体传播，以及介体的种类和病毒与介体的关系。如果是汁液摩擦接种传播，一般还要测定稀释限点、钝化温度和体外存活期，但是这些性状不是很稳定，受到测定方法的影响，只有一定的参考价值。经过以上的步骤，已经缩小了该病毒可能属于哪些病毒的范围，就可以进行血清学交叉保护反应和电镜观察粒体。在鉴定工作中，最好是有已知的病毒样本进行比较。

4. 寄主范围

了解病毒的寄主范围，不但对生产实践中制定防治措施有重要意义，而且在鉴定病毒种类上也有很大价值。不同病毒的寄主范围是不同的，有的病毒寄主范围很狭窄，有的很广。寄主对病毒的反应可分为局部反应和系统反应两类。在系统反应中又可分为许多类型。接种过的植株，必须定期检查并记录症状的特征和出现日期。从接种到发病的时间长短对病毒鉴定有参考价值。鉴别寄主发病后，应当回接到健康的植株上去，若仍能诱发原来的症状，才能证实分离正确。如果不产生原来的典型症状，说明不是其病原或不是其完全的病原。病毒的传染方式取决于病毒的性质，对鉴定病毒也是很有用的。特别是对于不能汁液传染和不能制成抗血清的病毒更为重要，大多数病毒都可通过嫁接传病。

四、生物化学反应法

不同的微生物有其最适合的培养基，各种特殊的培养基广泛应用于病原物的检测鉴定。根据培养基用途不同，可分为生长繁殖培养基、富集培养基、贮存培养基、选择性培养基和鉴别培养基等。人工合成的培养基是由一些成分明确的化合物配制而成的，无任何成分不明确的物质，常用于研究微生物的生理生化性状，如查氏（Czapek）培养基等。

在细菌检测和鉴定中，广泛采用生理和生化性质测定技术。不同细菌对某种培养基或化学药品会产生不同的反应，从而被作为鉴定细菌的重要依据。

常用于鉴定细菌的生化反应有：a. 糖类发酵能力；b. 水解淀粉能力；c. 液化明胶能力；d. 对牛乳的乳糖和蛋白质分解利用；e. 在蛋白胨培养液中测定代谢产物；f. 还原硝酸盐能力；g. 分解脂肪能力。

根据细菌利用碳源能力差异建立的细菌检验方法主要有 BIOLOG 系统和 API 鉴定系统。BIOLOG 系统是 Garland 和 Miss 于 1991 年建立的鉴定方法，这种方法是利用细菌对 95 种碳源利用能力的差异，使氧化反应指示剂四氮唑紫呈现不同程度的紫色，从而构成该微生物的特定指纹。将结果经计算机处理后并与标准菌株数据库比较，实现对待测菌的快速鉴定及检测。API 鉴定系统是世界上应用最广、种类最多，最受微生物学家推崇的国际标准化产品。根据细菌的生化反应，可鉴定的细菌超过 550 种，并且不断完善数据库。两种鉴定系统都需对病原菌先进行分离纯化，并且需要包含众多病原菌信息的数据库作为分析平台；另外由于培养条件如湿度、渗透压、pH 值等方面的改变都可能引起微生物对碳源底物的利用能力改变，从而造成一定的误差，而且仪器也较昂贵，所以在应用中具有一定的局限性。

五、免疫学技术

免疫学技术是以抗原抗体的特异性反应为基础发展起来的一种技术，早在1918年，该技术就已经应用于植物病原细菌的检测，目前已经广泛应用于植物病毒、菌物、线虫等病原物的检测中。免疫学方法检测灵敏度高、特异性好，而且快速、简便，所以其发展迅速，应用广泛。免疫学检测方法根据反应中是否引入标记物分为非标记免疫分析法和标记免疫分析法两大类。

1. 非标记免疫分析法

(1) 凝集反应

凝集反应（agglutination）是指颗粒性抗原（细菌、红细胞等）与相应抗体结合，在电解质参与下所形成的肉眼可见的凝集现象，包括直接凝集反应和间接凝集反应。颗粒性抗原与相应抗体直接结合所出现的反应，称为直接凝集反应（direct agglutination reaction）。将可溶性抗原（抗体）先吸附在一种与免疫无关的颗粒状微球表面，然后与相应抗体（抗原）作用，在有电解质存在的条件下发生凝集，称为间接凝集反应（indirect agglutination）。

(2) 沉淀反应

沉淀反应（precipitation）主要包括有环状沉淀反应（ring precipitation）、絮状沉淀反应（flocculation precipitation）和琼脂扩散（agar diffusion），指可溶性抗原与抗体结合，形成不溶性的、可以看见的沉淀物的过程，以琼脂扩散最为经典。琼脂扩散是使可溶性抗原与相应抗体在含电介质的琼脂凝胶中扩散相遇，特异性结合形成肉眼可见的线状沉淀物的一种免疫血清学技术。该法操作简便，且有较好的特异性和检出率，广泛应用于一些抗原抗体的检测。

(3) 补体结合反应

补体结合反应（complement fixation reaction）是在补体参与下，以绵羊红细胞和溶血素作为指示系统的抗原抗体反应。补体无特异性，能与任何一组抗原抗体复合物结合而引起反应。如果补体与绵羊红细胞、溶血素的复合物结合，就会出现溶血现象，如果与细菌及相应抗体复合物结合，就会出现溶菌现象。因此，整个试验需要有补体、待检系统（已知抗体或抗原、未知抗原或抗体）及指示系统（绵羊细胞和溶血素）五种成分参加。其试验原理是补体不单独和抗原或抗体结合。如果出现溶菌，是补体与待检系统结合的结果，说明抗原抗体是相对应的；如果出现溶血，说明抗原抗体不相对应。此反应操作虽复杂，但敏感性高，特异性强，能测出少量抗原和抗体，所以应用范围较广。

（4）免疫电泳

定性分析抗原或抗体的对流免疫电泳（counter immuno-electrophoresis，CIE），抗原和抗体分别置于凝胶板电场的正负极的小孔内，通电后抗原向正极移动而抗体向负极移动，在两孔间合适的抗原抗体浓度处会形成一条沉淀线，是双相琼脂扩散与电泳技术的结合。

（5）火箭电泳法

火箭电泳法（rocket electrophoresis）在已混有抗体的凝胶板上的小孔内加入抗原并进行电泳，在沿着电泳方向会形成火箭型沉淀线。根据已知标准抗原量可方便地测定未知标本中的抗原量，是单相琼脂扩散与电泳技术的结合。

双向免疫电泳（two dimensional immuno-electrophoresis）是免疫电泳与火箭电泳的结合。

2. 标记免疫分析法

标记技术克服了非标记技术灵敏度不高，缺乏可供测量的信号等缺点。利用放射性、荧光或酶等物质标记抗原或抗体，再利用抗原抗体反应的特异性，使得灵敏度大大提高，同时检测的方法和类型也有了更多的变化。

（1）荧光标记技术

利用一些有机化合物（荧光素等）、荧光底物或稀土螯合物等作标记的免疫荧光分析（immunof luorescenc assay，IFA）已广泛应用于微量、超微量物质分析测定。免疫荧光技术有间接和直接免疫荧光法，其中间接免疫荧光法在实践中用途较广，一抗与有荧光色素的二抗结合，所发出的荧光可由免疫荧光显微镜进行检测。如利用免疫荧光技术可在显微镜下检测出结合有荧光色素抗体的细菌阳性细胞，灵敏度一般为 $10^3 \sim 10^5$ cfu/mL。

由于相对较低的灵敏度和需要相对昂贵的仪器，该方法在定量测定中的应用受到一定的限制。

（2）放射性标记技术

放射性标记技术是利用放射性物质标记抗原或抗体，再进行抗原抗体的结合反应，通过对放射信号的检测从而对目标进行测定。1959 年 Yalow 和 Berson 创建的放射免疫分析（radloimmunoassay，RIA）具有灵敏度高、特异性强、简便实用、成本低廉等优点。随后发展起来的免疫放射分析（immunoradio metric assay，IRMA）克服了放射免疫分析的缺点，灵敏度更高，可测范围广，操作更为安全，发展迅速，应用广泛。免疫放射分析通过放射活性分子共价交联至抗体或抗原上，免疫反应后测定放射活性分子的放射信号来定量检测相应抗体或抗原等，可用于测定包括病毒、细菌、寄生虫、肿瘤以及小分子药物等多种抗原或抗体。

（3）胶体金标记免疫分析技术

20 世纪 80 年代胶体金染色技术首次被成功应用于植物病毒检测。胶体金染色技术是利用金离子还原后的胶体金与抗体（或 A– 蛋白）结合形成稳定的抗体（或蛋白）– 胶体金复合物，通过与抗原的特异性结合，金颗粒附于同源病毒粒体的周围，从而使病毒等得到检测的一种免疫技术。随后胶体金技术又进行了改进，产生了金 / 银免疫染色法、斑点免疫金染色以及斑点金 / 银染色法，并在植物病毒、细菌等的检测上得到广泛应用。免疫胶体金技术不仅可以检测和鉴定出植物病毒，还可以确定植物病毒在感染细胞中的复制部位以及病毒基因产物在细胞中的合成部位。

（4）发光免疫分析技术

发光免疫分析技术是将发光系统与免疫反应相结合，以检测抗原或抗体的方法。其既具有免疫反应的特异性，更兼有发光反应的高敏感性，在免疫学检验中应用日趋广泛。

发光免疫分析技术主要有化学发光标记免疫测定（chemiluminescent immu-noassay，CLIA）和电化学发光免疫测定（electrochemluminescence immunoassay，ECLI），尤以前者应用较为普遍。CLIA 是用化学发光剂直接标记抗原或抗体的一类免疫测定方法，化学发光免疫测定敏感度高，甚至超过 RIA；精密度和准确性均可与 RIA 相比；试剂稳定、无毒害。因此化学发光免疫测定在医学检验中不仅能取代 RIA，而且可得到更为广泛的应用。

（5）免疫酶技术

免疫酶技术（immunoenzymatic technique）将抗原抗体的特异性和酶的高效

催化作用相结合，由此建立的免疫检测技术。它既融合了荧光标记和放射标记免疫测定方法的敏感、特异和精确等优点，又克服了放射免疫分析中放射性同位素对操作人员的危害及荧光免疫分析中所需仪器复杂的缺点。因此，发展非常迅速，正逐步取代其他标记免疫方法，成为使用最多的一类免疫实验技术，应用范围遍及医学、生物学和农业等各个领域。

根据免疫酶技术的实际应用目的，可分为免疫酶组织化学技术（immunoenzymatic histochemistry）和酶免疫测定（enzyme immunoassay，EIA）两大类。后者按照抗原抗体反应后，是否需要分离游离的与抗原或抗体结合的酶标记物，又分为非均相酶免疫测定（heterogeneous enzyme immunoassay）和均相酶免疫测定（homogeneous enzyme immunoassay）两种类型。

免疫酶技术中，以酶联免疫分析技术（enzyme-linked immunosorbnent assay，ELISA）最为常用。ELISA 自从 20 世纪 70 年代问世以来，已广泛应用植物病毒、菌物、MLO 等的检测之中，如病毒方面，ELISA 常用于大豆花叶病毒、烟草花叶病毒、黄瓜花叶病毒的诊断和检测；菌物方面，疫霉等真菌的 ELISA 检测试剂盒已被商业化生产，在实践中广泛应用并显示出良好的效果。

六、分子生物学技术

1. 核酸杂交技术

核酸探针是经过标记（同位素或非同位素）并用于检测互补核酸序列的一段寡聚核苷酸。典型的核酸杂交（nucleic acid hybridization）技术是将少量核酸点在硝酸纤维膜上，再浸入含特异性探针的杂交液中，通过放射自显影或酶标颜色反应检测。杂交检测中印迹杂交法非常方便，将新鲜的组织切片紧压印迹在尼龙膜表面，与带有标记的探针杂交通过显色反应评价结果。其灵敏度较 ELISA 方法高 2~3 个反应级，而且杂交后的产物可干燥保存，这使得该杂交探针易于商业化并能够广泛应用于植物病毒、类病毒以及类菌原体等的检测中。

2. 限制性片段长度多态性技术

限制性片段长度多态性（restriction fragment length polymorphism，RFLP）技

术是一项比较复杂且耗时长的 DNA 检测技术，但却是研究植物病原种群结构和变异的良好工具。先从生物组织中纯化 DNA，用限制性内切酶切割后，利用凝胶电泳分离切割后的片段，接着进行染色，最后用标记的探针进行杂交。该技术能够快速鉴定到病原菌的种、变种、专化型和生理小种。

3. 聚合酶链式反应

聚合酶链式反应（polymerase chain reactlon，PCR）技术是 20 世纪 80 年代中期建立的一项体外迅速、大量扩增靶标基因的技术。由于 PCR 能够特异性扩增某一 DNA 片段，因此在病原物的检测上，具有极高的灵敏度，对于用常规方法研究有困难的植物病害，如类病毒、MLO 等，运用该技术就显示出它的优越性。在我国，目前已有 3 种真菌、6 种细菌、37 种植物病毒以及松材线虫、类菌原体和类病毒成功运用了 PCR 相关技术进行植物病害检测。在 PCR 反应中，将含有所需扩增的 DNA 双链经高温变性变成单链，在接着的退火中加入的寡聚核苷酸引物与 DNA 模板结合，并在经过十几到几十个循环后，靶 DNA 的含量将特异性的扩增上百万倍，从而大大提高对 DNA 分子的分析和检测能力。

在这种常规方法基础上又衍生出以下多种方法：

① 常规 PCR：DNA 模板采用一对引物，经 30 次左右的循环即可达到预期的扩增目的，这种常规 PCR 是最简单，也是应用最普遍的一种 PCR 技术，通常用于多拷贝 DNA 分子的扩增。

② 逆转录 PCR（RT-PCR）：对 RNA 的检测，要首先在逆转录酶的作用下，将 RNA 逆转录为 cDNA 后，才能再进行常规 PCR 扩增。这一方法广泛用于 RNA 病毒病害的诊断和 mRNA 的检测。

③ 多重 PCR：在同一反应体系中用多对引物同时扩增几种基因片段的方法。主要用于同一病原体及以下的类型区分及同时检测多种病原体。此外也常用于多点突变遗传病的诊断。

④ 免疫 PCR：通过一种能对 DNA 和抗体分子具有双重结合功能的联结分子（如链霉亲和素）。将 DNA 和抗体分子结合起来检测抗体的方法。当抗体与抗原结合后，标记的 DNA 分子通过 PCR 扩增，如存在 PCR 产物则表明待检抗原的存在。其灵敏度极高，大大超过任何一种其他免疫学方法，可用于含量较低的病毒、细菌病原体的检测。

⑤ 定量 PCR：上述各种 PCR 技术均只能定性，不能定量。但实践中常常需要对 DNA 进行定量检测，如评价一种药物是否具有抗病毒活性，评价抗病毒疗法的疗效等。理想的定量 PCR 应具有内对照，内对照应和待检基因在同一试管中反应。目前已广泛应用的定量 PCR 有微孔板法、各种荧光法等。

第二章

橡胶树
侵染性病害

橡胶树叶部病害

一、橡胶树白粉病

1. 分布与为害

白粉病是橡胶树重要病害之一，自 1918 年在印尼爪哇首次发现以来，目前在全球植胶国家都有发生。我国于 1951 年在海南岛发现此病，1959 年该病在海南大面积发生流行，引起橡胶树新抽的嫩叶连续脱落，推迟了当年开割期，导致干胶产量比上年减产 50% 左右。1960 年在云南河口发现该病，1981 年云南植胶区白粉病全面流行，一些防治不及时的地区因病落叶 2~3 次，使橡胶生产受损，临沧地区的孟定农场 1 000 hm² 割胶林地中因病推迟开割胶树达 2.8 万株，勐撒农场近 50% 的胶树因病推迟开割，一些林地重复落叶，枝条回枯，终年树冠稀疏，未能割胶。

2. 为害症状

病菌侵害橡胶树的嫩梢、嫩叶、嫩芽和花序，不侵害老叶。嫩叶感病初期，叶面或背面出现辐射状的银白色蛛网状菌丝，随后在病斑上出现一层白粉，形成大小不一的白粉病斑。发病严重时，整个病叶布满白粉，叶片皱缩畸形、变黄，最后脱落；不脱落的病叶随着叶片的老化和气温的升高，病斑上的白粉逐渐消失，留下白色癣状斑、褪绿半透明黄斑或黄褐色坏死斑。花序感病后，花梗或花蕾出现白色小菌斑，严重时，整个花序布满白粉，花蕾大量脱落，只留下光秃秃的花轴（图 2-1）。

图 2-1-1　橡胶树叶上布满粉状的白粉菌

图 2-1-2　白粉菌为害橡胶树叶柄，嫩叶脱落

图 2-1-3　淡绿期橡树胶叶受害后，叶表
　　　　　面形成块状的白色菌丝体

图 2-1-4　稳定的橡胶树叶表面长出白色
　　　　　的癣状斑

图 2-1-5　橡胶树叶受害后期病斑变成红色

图 2-1-6　橡胶树叶受害后期红色病斑穿孔

图 2-1-7　橡胶树抽梢期受白粉病为害，
　　　　　整株树叶变黄

图 2-1-8　稳定的橡树胶叶上，白粉病病
　　　　　菌侵入受阻，形成黄褐色的坏死斑

图 2-1　橡胶树白粉病田间受害症状

3. 病原物

分类地位：病原菌为橡胶粉孢（*Oidium hevea* Steinmann），属于半知菌亚门，丝孢纲，丝孢目，淡色菌科，粉孢属。

形态特征：其有性世代尚未发现，菌丝体寄生于寄主表面，无色透明，有分隔；分生孢子梗直立、棍棒状、不分枝，顶端膨大形成分生孢子；分生孢子单生或串生在分生孢子梗上端，单孢、无色透明、卵形或椭圆形，大小为（32~48）μm×（16~26）μm。经夏天高温或较长的冬天后，菌丝体密结，变成灰褐色（图2-2）。

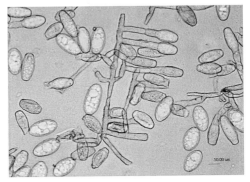

图 2-2　橡胶树白粉病病原菌的分生孢子

4. 发生流行条件

橡胶树白粉病整年均可发生，但流行于大量抽新叶的春季，病原菌终年以分生孢子形式侵染一批又一批的嫩叶延续其活动。冬季病菌集中在未开割幼树、苗圃、林下自生苗及已开割林地抽出的嫩梢和越冬不落的老叶上活动和生存，2月初以后，橡胶树开始抽出嫩叶，病菌孢子从上述场所借助气流传播到新抽嫩叶上，在适宜条件下，可在几小时内萌芽长出芽管，芽管顶端膨大形成附着孢，然后由附着孢侵入叶片，再膨大形成梨形吸器，吸取寄主营养。留在表面的芽管则继续伸长形成菌丝，菌丝在叶面上蔓延，几天以后菌丝向上形成分子孢子梗，在其顶端形成分生孢子，从侵染到产孢一般3~7天，分生孢子成熟后，又借气流再次传播和侵染，经过重复侵染，病菌数量迅速增加，病害不断蔓延扩大，第一蓬叶老化后，病菌继续侵害其后抽生的一批又一批的嫩叶延续其活动至冬季。

5. 防治方法

硫磺粉是防治橡胶树白粉病的传统农药，目前仍是主要农药。用量12~15 kg/hm²，有效期9~12天，一般在凌晨1:00至清晨8:00进行，施药后遇雨要补喷，施药时病重的林地要适当加大剂量。

15% 粉锈宁烟雾剂也可用于橡胶树白粉病的防治，用量 1.1~1.2 kg/hm²，其有效期和防治效果在一般天气条件下与硫磺粉相当，在阴雨天气条件下显著优于硫磺粉，防治成本较使用硫磺低 53%，施药效率较喷粉机喷撒硫磺高 4~6 倍。粉锈宁烟雾技术在山高坡陡的胶园更能发挥优势和作用，是山区防治橡胶白粉病的一项具有实用价值的新技术。但是，粉锈宁烟雾剂的防治效果与叶片角质化成度有关，叶片进入淡绿期以后，防治效果就很差，尚不能完全取代硫磺粉防病。

橡胶树白粉病的防治不能一刀切，要用短期测报方法和防治指标指导防治，先达到防治指标的林地先防治，对于抽叶特别早的局部地段，在其周围林地抽芽之初就及早防治，可在一定程度上起到铲除中心病区的作用，防治时又要根据天气和胶树物候状况选用不同的药剂，预测中偏重病的林地仅能用硫磺粉防治。

二、橡胶树炭疽病

1. 分布与为害

1906 年，橡胶树炭疽病在斯里兰卡被首次发现。目前，该病已广泛分布于非洲中部、南美洲、亚洲南部和东南部等植胶国家。在我国该病害早期只在苗圃和新植幼树上少量发现。1962 年在海南大丰农场开割胶树上首次发现个别品系整年因病落叶，不能割胶。1967 年在广东红五月农场开割胶树上首次大面积流行。1970 年在广东徐闻、海康两县各农场引起不同程度落叶。1992 年橡胶炭疽病在畅好农场发生大面积流行，发病面积 1 550.53 hm²，占开割面积 75%，受害割株 31.2 万株，造成四、五级落叶 20 多万株，部分林段的胶树因多落叶、枝条枯死，使开割时间推迟一个半月，也有部分林段因多次受到炭疽病病菌的反复侵染为害，推迟 2~3 个月开割。损失干胶达 250 t。近年来，由于大量更新和推广高产品系，该病发生日趋严重。1996 年仅海南垦区发病面积就达 73 万 hm²，损失干胶 15 000 t。广西、云南和福建等省区各植胶区也陆续报道其发生危害情况。2004 年，云南西双版纳、红河、普洱、临沧、德宏和文山等橡胶种植区不同程度发生橡胶树老叶炭疽病。据勐养橡胶分公司调查，2004 年 8—10 月，0.2 hm² 橡胶林发生橡胶老叶炭疽病，病重林地的病情指数达 3~4 级，部分病叶脱落，致使胶乳产量急速下降。

2. 为害症状

该病菌可侵染橡胶树的叶、叶柄、嫩梢和果实，严重时引起嫩叶脱落、嫩梢回枯和果实腐烂（图 2-3，图 2-4）。

在老叶上，常见的典型症状有：

① 不规则型：病斑初期灰褐色或红褐色近圆形病斑，病健交界明显，后期病斑相连成片，形状不规则，有的穿孔；

② 叶缘枯型：受害初期叶尖或叶缘褪绿变黄，随后病斑向内扩展，病组织先变黄，后期病叶呈锯齿状；

③ 凸起圆锥型：受害叶片上凸成圆锥状，严重时可看到整个叶片布满上凸的小点，后期形成穿孔，造成大量胶树落叶，在嫩叶上也可形成此症状。

新抽嫩叶受害后，首先在叶尖、叶缘出现水渍状黑褐色小斑，随病斑扩展，叶缘和叶尖变黑、干枯，叶片向内卷曲，轻者病部萎缩干枯或脱落，重者病斑扩大至整叶，变黑凋落或扭曲悬挂于叶柄上。

叶柄、叶脉感病后，出现黑色下陷小点或黑色条斑；感病的嫩梢有时会爆皮凝胶；芽接苗感病后，嫩茎一旦被病斑环绕，顶芽便会发生回枯。若病菌继续向下蔓延，可使整个植株枯死。

绿果感病后，病斑暗绿色，水渍状腐烂。在高湿条件下，常在病部长出一层粉红色黏稠的孢子堆。

图 2-3-1 尖孢炭疽菌为害橡胶树叶，受害叶部形成向上凸起的锥状物

图 2-3-2 尖孢炭疽菌为害橡胶树嫩叶形成棕褐色的小斑块

图 2-3 橡胶树炭疽病 尖孢炭疽菌为害橡胶树叶片的田间症状

图 2-4-1 胶孢炭疽菌侵染橡胶叶，受害部呈
灰白色，纸质状近圆形的病斑

图 2-4-2 后期病斑中央穿孔

图 2-4-3 胶孢炭疽菌在受害橡胶叶部长出
黑色颗粒状的子实体

图 2-4-4 胶孢炭疽菌在受害叶上形成近圆形，
中央灰白色，外部棕褐色的病斑

图 2-4-5 胶孢炭疽菌侵染橡胶树嫩茎后，
形成凹陷的黑色斑块

图 2-4-6 橡胶树嫩茎上的黑色斑块后期连接起来

图 2-4 橡胶树炭疽病 胶孢炭疽菌为害橡胶树叶片的田间症状

3. 病原物

分类地位：病原菌为胶孢炭疽（*Colletotrichum gloeosporioides*）和尖孢炭疽（*C. acutatum*），属于半知菌亚门，腔孢纲，黑盘孢目，黑盘孢科，炭疽菌属。

形态特征：两种橡胶树炭疽菌的分生孢子有明显的差别。胶孢炭疽菌的分生孢子单孢，圆柱形或椭圆形，两头钝圆，少数一端稍细，大小为（13.6~18.4）μm×（3.6~6.9）μm，孢子中间大多有小油滴，少数有2~4个液泡，内含物颗粒状。尖孢炭疽菌的分生孢子单孢，两端尖，纺锤形，大小为（16.1~17.4）μm×（3.6~4.2）μm（图2-5，图2-6）。

图 2-5-1　尖孢炭疽菌菌落

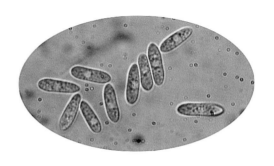
图 2-5-2　尖孢炭疽菌的分生孢子

图 2-5　橡胶树炭疽病　尖孢炭疽菌的菌落形态和分生孢子

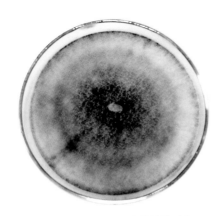
图 2-6-1　胶孢炭疽菌的菌落形态

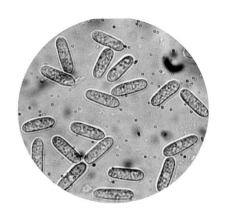
图 2-6-2　胶孢炭疽菌的分生孢子

图 2-6　橡胶树炭疽病　胶孢炭疽菌的菌落形态和分生孢子

4. 发生流行条件

受寒害、半寒害的树梢是病原菌越冬和增殖的主要场所。病菌可从伤口、气孔和表皮 3 种途径入侵，风雨是传播媒介。潜育期一般 3~6 天，条件最适宜时潜育期为 1~2 天。田间气温 21~24 ℃、相对湿度大于 95% 时，病菌产孢多，侵入迅速，病斑扩展快。

橡胶树炭疽病发病过程有越冬、始发、流行和病情下降 4 个阶段，流行方式有暴发形和渐发形 2 种，流行曲线有多峰波浪形和单峰弓形。该病发生流行与菌量、物候、气候、品系、菌株和立地环境等有密切的关系。菌量和易感病组织是病害流行的基本条件，多雨高湿是病害流行的主导因素，大雨和强风有利于孢子传播，细雨也有助于其传播，浓雾天气促使孢子向下传播。地势低洼、四面环山、日照短的山谷或近水源湿度大的地方，发病往往严重。不同地区的菌株致病性不同。在相同栽培环境中，不同橡胶品系抗病性也不同，橡胶树叶片组织愈嫩受害程度愈重。一旦感病，极易落叶，50% 开芽至 80% 古铜物候期为病害防治的关键时期。

5. 防治方法

(1) 农业防治

对历年重病林段和易感病品系，在橡胶树越冬落叶期到抽芽初期和病害流行末期，施用速效肥促进橡胶树抽叶迅速而整齐和病树迅速恢复生长，以提高橡胶树抗病能力。

(2) 化学防治

常用药剂：2.5% 百菌清烟剂、3% 多菌灵烟剂、70% 甲基硫菌灵可湿性粉剂、80% 代森锰锌可湿性粉剂、咪鲜胺、松脂酸铜等。

防治时期：在橡胶树抽嫩叶 30% 开始，进行林段的病情调查，若发现炭疽病斑时，并根据未来 10 天内的气象预报，若有连续 3 天以上的阴雨或大雾天气，就要在低温阴雨天气来临前喷药防治。喷药后从第 5 天开始，若预报还有上述天气出现，而预测橡胶树物候仍为嫩叶期，则应在第一次喷药后 7~10 天内喷第二次药。

施药方法可任选以下一种进行：a. 每 10 亩（1 亩 ≈ 667 m²。全书同）点燃

2.5% 百菌清烟剂或 3% 多菌灵烟剂 1 包（500 g）。每 7~10 天点烟一次，连点 2~3 次。b. 高扬程机动喷雾可选用 70% 甲基硫菌灵可湿性粉剂 500~1 000 倍液或 80% 代森锰锌可湿性粉剂 500~800 倍液喷雾。c. 烟雾机喷烟可选用咪鲜胺或松脂酸铜乳油剂与柴油按 1∶（4~6）混药喷烟，亩喷药液量 200~250 mL。

三、棒孢霉落叶病

1. 分布与为害

橡胶树棒孢霉落叶病于 1936 年首次报道发生于塞拉利昂，但当时该病害的发生仅局限于苗圃和幼龄橡胶树上且为害不大，因此未引起人们足够的重视。1958 年有报道其在印度橡胶研究所的苗圃基地为害发生。随后在亚太和非洲的主要产胶地区相继发生，并于 20 世纪 90 年代开始在这些地区胶园暴发流行，导致大量胶园被迫更新，至今仍严重影响着该地区的天然橡胶产业。2006 年在我国海南的儋州和云南的河口地区首次发现该病在苗圃和幼龄树上发生，并相继向各植胶区蔓延。至今，橡胶树棒孢霉落叶病在我国主要植胶区的苗圃中均有为害，严重威胁我国天然橡胶资源安全。

2. 为害症状

橡胶树的幼苗、幼树和成龄树的嫩叶和老叶均可受病菌侵害。叶片上产生的症状随叶龄而异，在嫩绿和黄绿色叶片两面常产生圆形、少数不规则浅褐色小病斑，直径 1~8 mm，病斑中心纸质、有深褐色环围绕、环外有黄色晕圈。严重感病的嫩叶顶端皱缩、回枯和脱落。感病老叶病斑较大，病斑中心纸质、干死，周围的叶组织黄红色或褐红色，严重时脱落。有的感病叶片的病斑与其附近的中脉或侧脉相连，导致该处组织褪色，形成本病特征性的"鱼骨"状病痕。嫩梢和叶柄受害，造成浅褐色的长病斑和嫩梢回枯；切开病梢树皮露出木质部后，可见纵向黑色条纹。感病幼树往往重复落叶，导致植株树冠稀疏和矮缩（图 2-7）。

图 2-7-1　橡胶树棒孢霉落叶病的
典型症状："鱼骨"

图 2-7-2　橡胶树棒孢霉落叶病后期症状

图 2-7-3　除形成典型的"鱼骨"症状，还会
形成圆形、褐色坏死

图 2-7-4　感染棒孢霉落叶病橡胶叶反面症状

图 2-7　橡胶树棒孢霉落叶病田间为害症状

3. 病原物

分类地位：病原菌为多主棒孢菌 [*Corynespora cassiicola*（Berk and Curt.）Wei]，属于半知菌亚门，丝孢纲，丝孢目，暗色菌科，棒孢属。

形态特征：该病原菌在 PDA 培养基上，菌落圆形，边缘整齐，生长浓密，青灰色或褐色，边缘为白色，絮状，菌丝有分隔，浅色至褐色。各菌株因寄主或生境的不同，培养性状也不同。自然条件下病原菌分生孢子梗单生或束生，直立或稍弯曲，有分隔，具膨大的基部，浅褐色至深褐色，大小为（59~343）μm×（4~12）μm，分生孢子倒棍棒状至圆柱状，直立或稍弯，厚壁，光滑，具有 1~9 个假隔膜，大小为（52~191）μm×（13~20）μm，有时可见"Y"形孢子。人工培养基上产生的分生孢子单生或数个串生，大小为（72~765）μm×（5~22）μm，具有 1~19 个假隔膜（图 2-8）。

图 2-8-1　橡胶树棒孢霉落叶病病原菌落形态

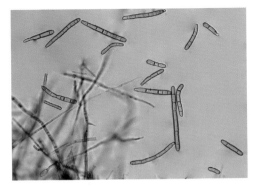

图 2-8-2　橡胶树棒孢霉落叶病病原菌的分生孢子

图 2-8　橡胶树棒孢霉落叶病病原菌的菌落形态和分生孢子

　　该病原菌菌丝生长的最适温度为 28 ℃，最适 pH 值为 6~9，孢子萌发的最适温度为 28~30 ℃。该菌能有效利用各种碳源和氮源，碳源以麦芽糖最好，氮源以蛋白胨最好。光照处理对菌丝生长速度影响不显著，交替光照有利于产孢。菌丝致死温度是 60 ℃，15 min；分生孢子的致死温度是 55 ℃，5 min。在 PDA、PSA、Czapek 等培养基上生长良好，但不能大量产孢，在保湿的卫生纸、玻璃片和橡胶树离体叶片上，能大量产孢。

4. 发生流行条件

　　病原菌可以在被感染的作物残体上或土壤中存活两年以上。多主棒孢病菌寄主范围广，有利于其存活，病原菌在田间的传播方式主要是通过气流和雨水扩散分生孢子。在胶园中，杂草的存在有利于病原菌的存活，清理杂草有利于降低病害的发生。

　　橡胶树棒孢霉落叶病的发生与流行常与寄主植物抗病性、病原物、环境条件和人类活动等诸多因子相关。多主棒孢产生的孢子借助风雨传播。在田间整年都可能发生落叶病，病区整年都能从空气中捕捉到病原菌的孢子。气温在 26~29 ℃，空气相对湿度在 96%~100% 有利于病原菌的产孢和对新叶的侵染，引起落叶或病害的流行。云南河口植胶区 3 年的调查结果显示，橡胶树棒孢霉落叶病的发病高峰期在 8 月以后，降水量较多的年份发病较重。另外田间存在强致病力的病原菌和存在易感病品系都能引起病害流行。不同植胶地区，棒孢霉落叶病发生的严重程度有很大差异，这与各地气候、有不同毒力遗传型的病菌和不同感病性的橡胶树品系密切相关。

5. 防治方法

（1）加强检疫

各检疫、检验局应加强对橡胶树棒孢霉落叶病的检疫工作，防止该病从发病区域扩散到无病区域，重点对发病地区的橡胶树苗木、橡胶树加工产品、病区土壤进行重点检查，实施严格的检疫处理，由病区调运的苗木需经签发准运检疫证方能调运。

（2）农业防治

选育和嫁接抗病品种种植。在病害高发区域不应种植感病品种，如RRIM600、PR107和GT1。避免在发病林地附近建苗圃，严禁从发病胶园采种，禁止从发病苗圃购苗。发病严重的苗圃需全部砍除，集中销毁，清除寄主，并对土壤进行全面消毒。

（3）化学防治

针对于不同时期的橡胶树受多主棒孢病菌侵染为害，所采取的防治方法有所不同，应结合当时的天气情况和病害的发病程度，并针对苗圃地、幼树林段和成龄胶园采用不同的防治措施和防治药械。

① 实生苗圃：不在发病林地附近建苗圃，严禁在发病胶园采种，禁止从发病苗圃购苗。发病严重的苗圃需全部砍除，集中销毁，清除寄主，并对土壤进行全面消毒。化学防治推荐在雨季每5天，干旱季节每7~10天喷施一次有效杀菌剂，推荐的药剂有25%咪鲜胺乳油或75%百菌清可湿性粉剂2 000倍液，以及苯莱特、百菌清、代森锰锌、甲基硫菌灵等。

② 幼龄胶树：拔除2年以上树龄的所有易感病品种的染病植株，烧毁所有叶片和小枝以摧毁接种体。对2年以下树龄的易感病品系可用耐病或抗病品系重新芽接。化学防治方法同橡胶种苗的方法。

③ 开割林段成龄胶树：由于橡胶树高大，所需的喷药器具要求大功率，喷幅高，容量大，能保证药剂能均匀地喷洒到高、中、低层的橡胶树叶片上。

四、麻点病

1. 分布与危害

橡胶树麻点病于 1904 年在马来西亚首次发现，我国于 1951 年开始报道此病的发生。目前在海南、广东、广西和云南等植胶区都有发生。麻点病是苗圃实生苗的一种主要叶部病害，芽接苗很少感染此病。即使同时感病，但生长在贫瘠土壤和沙壤土中的胶苗，病情要严重得多。严重侵染会导致形成大量的叶斑、落叶，从而使长势减弱。严重感病的实生苗生长受抑，达到芽接标准的时间拖长，芽接成活率一般较低，即使已经芽接成活，截干也可能死亡。

2. 为害症状

该病在橡胶树叶片上形成的病斑小而多，较密集。不同叶龄叶片发病后所表现的症状有所不同。古铜叶症状：出现暗褐色水渍状小斑点，重病叶片皱缩，变褐枯死，脱落。淡绿叶症状：最初出现黄色小斑点，随后扩展到直径 1~3 mm 的圆形或近圆形病斑。病斑中央灰白色，对光略透明，边缘褐色，外围有黄色晕圈。叶片老化后，有些病斑中央出现穿孔。接近老化的叶片染病后，叶片只出现深褐色小点。有时顶梢由于多次落叶引起畸形肿大。叶片主脉、叶柄及嫩枝条发病，只出现褐色条斑。潮湿情况下，病斑背面长出灰褐色霉状物（图 2-9）。

图 2-9-1 橡胶树感染麻点病的典型症状：叶面密布棕褐色和灰白色的圆形小斑点

图 2-9-2 受害叶上的病斑到后期穿孔

图 2-9　橡胶树麻点病田间为害症状

3. 病原物

分类地位：病原菌为橡胶平脐蠕孢［*Bipolaris heveae*（Petch）Arx］，属于半知菌亚门，丝孢纲，丝孢目，暗色菌科，平脐蠕孢属。

形态特征：病原菌分生孢子梗单生或簇生，深黄褐色，顶端色浅，直或屈膝状弯曲，很少分枝，大小为（125~215.5）μm×（5~9）μm。分生孢子浅黄褐色至中度黄褐色，似纺锤形或近倒棍棒状，中部宽，至两端渐窄，常向一侧弯曲，光滑，7~12个（多9个）假隔膜，大小为（68~128.5）μm×（12~19）μm（平均 97.6 μm×15.6 μm），脐部凸出略明显（图 2-10）。

图 2-10-1　橡胶树麻点病病原菌的菌落形态　　图 2-10-2　橡胶树麻点病病原菌的分生孢子

图 2-10　橡胶树麻点病病原菌的菌落形态和分生孢子

4. 发生流行条件

幼树及苗圃中的病叶为橡胶树麻点病菌的越冬场所。病原菌分生孢子借助风雨和人的耕作活动传播到新抽的嫩叶上。分生孢子萌发形成附着胞，从附着胞腹面长出侵入丝直接侵入、也可从气孔或伤口侵入，潜育期一般为 18 h 左右。

不同的立地环境病害发生流行有所差异，发病的严重程度也存在差异。在山谷地、低洼地、近河边和四周杂草灌木丛生、通风程度很差的苗圃，发病严重；高坡地或通风良好的苗圃，发病较轻。靠近老苗圃的新开苗圃，或在幼树行间设置的苗圃发病较早，流行速度也快。如单施氮肥，淋水过多或株行距较密的苗圃一般发病较重。影响该病发生的气象因素主要是温湿度，尤以温度更为明显。以25~30℃最有利发病，温度在 32℃以上时，病害几乎不再发展。高湿环境有利于该病的发生。

5. 防治方法

（1）农业防治

选择土壤肥沃、排水良好、通风透光的地区育苗。应尽量避免靠近或在老苗圃和幼树行间育苗，而且株行距不宜过密。

加强抚育管理。施足基肥并合理施用氮、磷、钾肥，避免偏施氮肥和淋水过多。及时清除苗圃周围的杂草、灌木，以利通风透光，降低湿度。

（2）化学防治

苗圃麻点病的化学防治通常是在易感病期间用50%多菌灵可湿性粉剂500倍液，70%代森锰锌可湿性粉剂500~700倍液喷雾。发病初期喷施，连喷2~3次。

五、季风性落叶病

1. 分布与为害

橡胶树季风性落叶病是一种真菌性病害，由一种称为疫霉菌的病原真菌侵染所致。1909年斯里兰卡和印度首先报道发生此病。以后其他植胶国家缅甸、印度尼西亚的苏门答腊和加里曼丹、越南、柬埔寨、泰国、马来西亚、巴西、秘鲁、尼加拉瓜、哥斯达黎加和委内瑞拉等也陆续有报道。云南省是我国橡胶树季风性落叶病高发区，我国于1965年在云南西双版纳首次发现橡胶树季风性落叶病，1978年西双版纳6个农场发病面积达133.33 hm^2，1979年和1980年在景洪农场发病胶园达17 000 hm^2，50%胶树落叶，被迫停割的胶树达57万株。自1965年在西双版纳发现季风性落叶病以来，随着大面积胶园郁闭成林，发病范围逐渐扩大对生产造成了一定的影响。过去没有发生此病的临沧、德宏垦区，1984年7—8月也相继在勐定、勐撒、瑞丽等农场和德宏试验站发生，并造成部分胶树停割。在海南儋州、白沙、琼中、临高、澄迈、琼山、万宁等地的农场也曾有发生。季风性落叶病可危害橡胶树地上部分的任何部位，发病时林地的树冠会出现大量病原菌，这些病原菌会使树干、树枝和割面同样出现病害，进一步加重病情，导致整个林地的橡胶树大面积染病，给生产带来很大的威胁。

2. 为害症状

该病最显著的特征是叶片、叶柄、未成熟的胶果和枝条感病后，均会出现水渍状病斑，并且病斑上有白色凝胶。叶片症状：嫩叶被害后初期呈暗绿色水渍状病斑，病部有时溢出凝胶，随后变黑，凋萎脱落。在老叶上只侵害叶柄和叶脉，叶柄上的黑色病斑有明显凝胶滴，病叶极易脱落，叶柄与枝条连接处无凝胶。叶柄症状：在大叶柄的基部呈现水渍状黑色条斑，并在病部溢出 1~2 滴白色或黑色凝胶，整张绿色叶片连同叶柄很快脱落。枝条症状：侵害枝条绿色部分，感病后枝条呈水渍状，回枯变褐色，枝条上的叶片凋萎下垂，挂在枝条上不落，似火烧状。胶果症状：未完全成熟的绿色胶果最易感病。感病后呈现水渍状病斑，溢出凝胶，以后病斑扩展，整个果实腐烂。天气潮湿时，病果上长出白色霉层，后期胶果萎缩变黑而不脱落，致使种子不能成熟而脱落（图 2-11）。

图 2-11-1　橡胶树季风性落叶病引起树叶变黄

图 2-11-3　橡胶树季风性落叶病病叶上长出
棕黄色水浸状不规则的病斑

图 2-11-2　受害橡胶树叶变黄逐渐脱落

图 2-11-4　橡胶树叶柄受害后呈褐色坏死，
　　　　　　其上有白色凝胶

图 2-11-5　橡胶树季风性落叶病病原菌为害
　　　　　　胶果，导致胶果腐烂

图 2-11-6　潮湿的天气下，橡胶果受害部
　　　　　　长出白色的霉层

图 2-11　橡胶树季风性落叶病田间为害症状

3. 病原物

分类地位：季风性落叶病由卵菌门，卵菌纲，霜霉目，腐霉科，疫霉属的多种疫霉菌引起，有柑橘褐腐疫霉［*Phytophthora Citrophthora*（R. E. Sm. & E. H. Sm.）Leonian］、辣椒疫霉（*P. capsici* Leonian）、蜜色疫霉（*P. meadii*）、寄生疫霉（*P. parasitica* Dastur）、棕榈疫霉（*P. plmivora* E. J. Butler）。

形态特征：病原菌在 PDA 培养基上菌落为白色丝状，气生菌丝较少，菌丝无色、分枝少、稍弯曲，一般无隔膜。光对病原菌的孢子囊和卵孢子形成有一定影响。孢子囊呈长梨形、卵形或亚球形，有 1~3 个乳头状凸起，有时没有，其大小变异较大。正常成熟的孢子囊，在 25℃以下从乳头伸出副囊，释放多个游动孢子。该病原菌在不良的环境条件下能产生厚垣孢子。卵孢子圆形、无色、壁厚。卵孢子一般不常见，它是以一种休眠形式存在，直到寄主组织分解后才释放出来。该病原菌耐酸，pH值4.5~5.5为最适范围，最适温度为20~25℃，对湿度要求较严，相对湿度小于90%时便不适于生长（图2-12）。

图 2-12-1　橡胶树季风性落叶病病原
　　　　　菌落形态

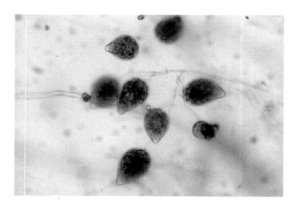

图 2-12-2　病原菌的分生孢子

图 2-12　橡胶树季风性落叶病病原菌的菌落形态和分生孢子

4. 发生流行条件

带菌的僵果、枝条、割面条溃疡病斑以及带菌的土壤，为初侵染源，其中主要是僵果和枝条。借风雨传播游动孢子到绿色胶果，嫩枝和叶片上侵染为害。其病原菌也是割面条溃疡病的重要侵染源，可以诱发割面条溃疡病的大暴发。

气象因子。温凉、阴雨、高湿是本病发生和流行的主要条件。雨季阴雨多、日照少，是季风性落叶病发生和流行的有利条件，主要在雨量高度集中的7、8、9 3个月内发生流行。分析各地气象资料发现，旬平均日照3 h以下，大于2.5 mm降雨的雨日5天以上，平均相对湿度大于90%及平均最高温度不超过30℃这四项指标时，有利于病害发生和发展。

地型环境。病害发生严重的林段都是地处峡谷、低洼和荫蔽度较大的地区。这种阴湿环境是病害发生的最适条件。

橡胶树结果量。病害首先侵染橡胶果，形成大量的侵染源。在一定的条件下，再扩大侵染叶柄，造成落叶，病害流行同感病橡胶果有密切关系。据观察，发病林地树冠上都有不同数量的病果，重病林地单株结果量大，病果多。轻病林地结果量少，病果亦少。在同一株树上，病重的部位，也就是结果多的部位。

橡胶树品系。不同无性系的感病性存在明显差异，PB86、RRIM600、PR107和PB5/51等是易感病的橡胶树无性系，GT1发病较轻。结果量的差异是品系感病性差异的重要特征，结果量少，树冠层高而稀疏，发病较轻；结果量多，橡胶树冠层矮而茂密，发病较重。

5. 防治方法

(1) 农业防治

加强对林段的抚育管理。在雨季来临之前，要清除林段和防护林中的杂草、灌木等，对下垂枝条进行剪修，将积水排出去，对林段科学合理的施用肥料，降低林间湿度，保持胶园通风透光。

对于病情指数在20以上的被害树，必须暂时停割，待树冠恢复正常后才复割；对于发病指数在7~20的被害树，可降低割胶强度；对病情指数7以下的被害树，可继续正常割胶。建议对有病的林段增加施肥量，以补充胶树恢复能力。

合理搭配栽培品种。选种抗病或耐病的高产品系，以及产果少的品系，如种植云研77-2、云研77-4等。

(2) 化学防治

通过调查分清不同林段的危害程度。对病情重、危害面广（病株率5%以上）的，要进行全面喷药。如果是零星发生，可针对中心病株或严重危害的个别植株局部喷药。

① 苗圃或幼龄树林区。用1%波尔多液加适量黏着剂，或者用58%甲霜灵·锰锌可湿性粉剂，用水稀释400~500倍，用多功能喷雾机喷雾，7~10天/次，连续2~3次。如出现回枯，则用利刀削去病部（连同几厘米健康组织一起削除）。切口涂封后才能喷药。

② 成龄胶园。用氯氧化铜或胶态铜，溶于无毒害适于喷洒的油溶剂中，每亩用量为铜素杀菌剂1.12~1.5 kg，溶于13.5~18 kg油中，热雾机或飞机喷洒。也可选用58%甲霜灵可湿性粉剂900~1 000倍液，64%杀毒矾可湿性粉剂500倍液，72%霜霉威水剂800倍液，每隔7~10天喷施一次，连续防治2~3次。对胶果多和易感病林段应重点施药。避免在加工厂或收胶站附近林段或在当天割胶的林段喷药。喷药前，应将胶碗放倒，以防药液污染，影响乳胶质量。

六、黑团孢叶斑病

1. 分布与为害

1945 年 J. A. Stevenson 等在哥斯达黎加的色宝橡胶和巴西橡胶幼苗上发现橡胶黑团孢病菌并定名。在之后的 30 多年间，虽不断有报道该病发生，但均在苗圃内为害，一般不用进行防治。我国于 20 世纪 60 年代初期在海南植胶区的苗圃中发现此病，之后在广东的湛江、广西、云南等植胶区苗圃亦相继报道发现此病。1985 年，海南省琼中地区各农场成龄橡胶树上暴发黑团孢叶斑病，造成近 8 000 hm² 的开割橡胶树重复落叶，损失干胶达 2 400 t 以上，成为海南省琼中地区成林橡胶树叶部的主要病害。1980 年冬，云南省西双版纳地区该病害普遍且严重发生，有的苗圃发病率达 99.2%，病情指数在 85.2 以上，严重影响苗木生长。目前该病在我国各植胶区零星发生。

2. 为害症状

嫩叶多从叶尖、叶缘开始感染，病斑初为淡褐色，后渐变为褐色，中央部分变灰白，边缘有一层退绿晕圈，形状多为圆形，椭圆形，大小为 0.2~4 cm。严重时叶片皱缩扭曲以至凋落。天气潮湿时，病斑表面肉眼可见黑色毛状物，即带有分生孢子的、成多层轮纹状排列的分生孢子梗。轮纹状病斑呈圆形，重病叶病斑多聚合成片，似环状靶。病斑扩展不受叶脉限制，天气干燥时病斑上的分生孢子多萎缩，仅剩黑色的分生孢子梗（图 2-13）。

图 2-13-1　橡胶树黑孢团叶斑病为害叶片后，形成圆形、椭圆形的病斑

图 2-13-2　感病初期病斑为淡褐色，中央为灰白色

图 2-13-3　感病后期病斑变为棕褐色　　　图 2-13-4　感染黑团孢叶斑病叶背面症状

图 2-13　橡胶树黑团孢叶斑病田间为害症状

叶柄、嫩茎染病后出现黑褐色条斑或梭形斑，叶柄上的病斑可扩展到小枝条引起溃疡或回枯。

3.病原物

分类地位：该病病原为橡胶树黑团孢（*Periconia heveae* Stevenson & Imle.），属于半知菌亚门，丝孢纲，丝孢目，暗色菌科，黑团孢属。

形态特征：在 PDA 上菌丝体初期为白色，后逐渐向外变浅褐至深褐色，有隔膜，不分枝，直径一般在 2~5 μm。分生孢子梗暗褐色，散生、直立、不分枝，多 2 个分隔，极少 3 个分隔。分生孢子梗顶部常形成一圆形膨大体，从上再长出产孢细胞。成熟孢子梗顶端的产孢细胞以全壁芽生式产孢，分生孢子成串常分枝，

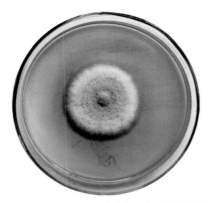

图 2-14-1　橡胶树黑团孢叶斑病病原菌菌落形态　　　图 2-14-2　橡胶树黑团孢叶斑病病原菌分生孢子

图 2-14　橡胶树黑团孢叶斑病病原菌的菌落形态和分生孢子

从产孢细胞的一点上或多点上生出。分生孢子初期呈淡褐色，成熟后变深褐色，有疣状凸起，球形或近球形，直径22~45 μm。有时顶部不产生孢子，呈刚毛状（图2-14）。

分生孢子在11~30℃等温度范围内保湿3 h均能萌发，3 h以后萌发率逐渐增高。可见该菌适温范围较广，从0℃低温保存到30℃处理均能存活，其中以25~26℃最适。分生孢子萌发对营养条件要求不严。

4. 发生流行条件

（1）越冬菌源

越冬菌源通过风雨传播从胶树叶片伤口或表皮直接侵入为害。

在橡胶树病残体上的越冬菌源：该病原菌越冬场所广，其分生孢子可在树上的胶果（带菌率20%）、寒害半枯枝条（带菌率23%~100%）、木栓化枝条（带菌率40%~100%）、越冬期不落老叶（带菌率20%~60%）、地下落叶（带菌率60%~80%）、林下实生苗（带菌率50%~100%）上越冬，而成为翌年的初侵染源。

在苗圃内的越冬菌源：橡胶苗圃多设在低坡近水源荫蔽、潮湿的环境中，这样的环境正是橡胶黑团孢病菌生长所需的环境。所以，苗圃中常年可见病叶，病株率高的可达100%。苗圃病叶上大量分生孢子是翌年发病的初侵染源。

在木薯叶上的越冬菌源：木薯叶上终年有黑团孢病菌生长。通过交互接种试验，在木薯叶上和橡胶叶上都得到同样的症状，证明是同一种病菌为害的。调查的植胶区木薯资源丰富，木薯叶上大量病菌可为来年橡胶嫩叶的感病提供大量菌源。

（2）物候

橡胶树的物候是黑团孢叶斑病发生流行的重要条件。橡胶树古铜期感病最重（病情指数在48~90），且在病斑上产生大量的分生孢子团，叶片一旦染病极易脱落。其次为变色至淡绿期（病情指数在28~50），其产孢量略小于古铜叶。大田老化叶一般不感染，但在室内和苗圃中也有少量感染（病情指数在20~30），仅产少量分生孢子。

（3）气象

气候条件不仅影响第一蓬叶从抽芽到90%以上叶片老化所需的时间，而且还影响病菌越冬的场所、基础菌量、流行期间病菌的繁殖能力及病害流行速度和强度。低温高湿是此病发生流行的主导因素。易感病品系林段在寒害重的年份，于橡胶树第一蓬叶的古铜叶至淡绿叶期，遇 7 天以上的连续低温阴雨天气，空气相对湿度为 90% 以上时，病害会发生流行。

（4）品系

最感病的品系是 PB86 等；比较感病的品系有 RRIM600、PR107、海垦 1 等；GT1 较抗病。

（5）立地环境

a. 同一品系处于丘陵地的橡胶树较平坡地发病重，这主要是丘陵地比平坡地温度偏低，湿度偏高，空气对流慢所造成的。b. 同一山顶东坡发病较其他坡向重，是由于东坡环境阴湿静风所致。c. 同一坡向坡脚发病较坡顶发病重。d. 疏朗通风透光林段环境开阔湿度较低发病轻，郁闭林段环境荫蔽潮湿静风发病重。e. 防护林边的胶树湿度大于林段内的胶树，温度也较林段内低，发病重。f. 同一株胶树下层枝湿度大，温度偏低，菌源丰富，较上层枝叶发病重。

5. 防治方法

（1）农业防治

做好橡胶林的排水工作，及时砍除林段内及其周边的灌木和橡胶树下垂枝，增加林段通透性，降低林间湿度。

（2）化学防治

在抽叶期间，用 50% 多菌灵可湿性粉剂 500~1 000 倍液，75% 百菌清可湿性粉剂 500 倍液，80% 代森锌可湿性粉剂 500 倍液，每 7~10 天喷施一次，连喷 2~3 次，可减少黑团孢叶斑病的危害。

第二节

橡胶树根部病害

一、红根病

1. 分布与为害

我国橡胶树上已发现的根病有 7 种，其中以红根病发生最普遍，是为害橡胶树根部的重要病害，常造成橡胶树死亡并导致产量损失。海南和云南植胶区1992 年调查发现红根病 60 多万株，年损失干胶 1 908 t。

2. 为害症状

地上部分：顶端叶片变小，叶蓬蓬距缩短，呈伞状。后期病树有枯枝。病树中后期树头有条沟，常见枣红色或红黑色菌膜（死树头长出红褐色檐状无柄子实体）。

地下部分：病根表面平，粘一层泥沙，用水较易洗掉，洗后常见枣红色革质菌膜。有时可见菌膜前端呈白色，后端变为黑红色。病根木材湿腐，松软呈海绵状，皮木间有一层白色到深黄色腐竹状菌膜。病根有浓烈蘑菇味（图 2-15）。

3. 病原物

分类地位：病原菌为橡胶树灵芝 [*Ganoderma pseudoferreum* (Wakef.) Overeem & Steinm]，属于担子菌亚门，层菌纲，多孔菌目，灵芝科，灵芝属。

形态特征：子实体木栓质，菌柄短、侧生。菌盖半圆形，盖面红褐色至枣红色，有时向外渐淡，菌盖外缘为白色、不整齐、波浪状，有同心环带和环沟，并有纵皱纹，表面有油漆状光泽；盖缘钝，白色，有时内卷。担孢子内含一油滴，卵圆形，大小为（8.7~9.1）μm×（3.3~5.4）μm，顶端常平截。

图 2-15-1　感染红根病的橡胶根表面粘一层泥沙

图 2-15-2　用水洗去病根表面的泥沙后，病根表面长有枣红色革质的菌膜

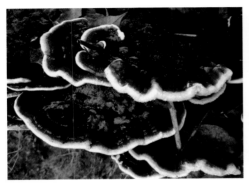

图 2-15-3　橡胶树红根病病原菌的子实体（正面）

图 2-15-4　橡胶树红根病病原菌的子实体（背面）

图 2-15　橡胶树红根病田间为害症状

4. 发生流行条件

最初的侵染来源于垦前林地已经感病的树桩或各种灌木等野生寄主传染而来的。病菌的传播蔓延多数从侧根感病向主根。

5. 防治方法

（1）农业防治

① 定期检查。橡胶树定植后，每年至少调查一次，冬季落叶前这段时间进行。

② 清除病树周围 1 m 以内的杂草、枯枝，以减少病原体传播。

（2）化学防治

对发病初期的植株，及时砍掉病死的树根；发现带病的树根，用小刀刮去表面的菌膜，注意不要刮伤健根的皮层，并用 75% 十三吗啉乳油 100 倍液或用根康 30 mL 对水 5 L 灌根处理，每年 7 月和 9 月各施一次，连续施两年。

二、褐根病

1. 分布与为害

橡胶树褐根病是橡胶树的一个重要根部病害，在中国及各植胶国普遍发生，发生严重的林段发病率超过 10%，其危害仅次于红根病。该病危害橡胶树根部及根颈部，其死亡率远高于其他种类的根病。

2. 为害症状

地下部分：病根表面凹凸不平，粘泥沙多，不易洗掉。有铁锈色、疏松绒毛状菌丝和薄而脆的黑褐色菌膜。病根木材干腐，质硬而脆，剖面有蜂窝状褐纹。皮木间有白色绒毛状菌丝体。根颈处有时烂成空洞。病根有蘑菇味（图 2–16）。

图 2-16-1　感染褐根病橡胶树根须部呈褐色坏死

图 2-16-2　受褐根病为害的橡胶树根剖面可见蜂窝状褐纹

图 2-16-3　橡胶树褐根病病原菌的子实体

图 2-16-4　在潮湿环境，病根表面会形成黑褐色菌膜

图 2-16　橡胶树褐根病田间为害症状

3.病原物

分类地位：病原菌为有害层孔菌 ［*Phellinus noxius*（Corner）G. H. Cunn.］，属于担子菌亚门，担子菌纲，刺革菌目，刺革菌科，木层孔菌属。

形态特征：子实体单生，无柄，大小不一，平伏或平伏反卷，新鲜时硬革质或软木栓质，无嗅无味，干后硬木质。菌盖表面暗褐色至黑色，具有不规则的环带，光滑。担孢子椭圆形或倒卵圆形，无色、薄壁，大小为（3.25~4.12）μm×（2.60~8.12）μm。

4.发生流行条件

病原菌主要的传染来源是病残根，其主要的传播途径是靠病残根与健康根的接触传染。因此树木发病蔓延的方式常由发病植株向邻近健康植株为害，很少有跳跃式为害。

5.防治方法

（1）农业防治

彻底清除杂树桩，消除病菌的侵染来源；不要在林地内建立苗圃地，防止病苗上山；加强林地的管理及橡胶根部的保护和病树处理（同红根病）；对病区开挖隔离沟，控制其传播蔓延。

（2）化学防治

发病初期用 75% 十三吗啉乳油 100 倍液或用根康 30 mL 对水 5 L 灌根处理，每年 7 月和 9 月各施一次，连续施两年。

三、白根病

1. 分布与为害

橡胶白根病最先于 1904 年在新加坡被发现，之后在马来西亚、印度尼西亚、泰国、印度、斯里兰卡、缅甸、科特迪瓦、尼日利亚、刚果等地陆续发生。此外，还在安哥拉、科特迪瓦、塞拉利昂、乌干达、中非、埃塞俄比亚、加蓬、缅甸、马来西亚、菲律宾、越南、阿根廷、巴西、秘鲁、墨西哥、新赫布里底群岛均有分布，曾在东南亚胶园造成重大损失。1983 年，国内在海南省东太农场的橡胶林段中发现橡胶白根病，2005 年在云南河口调查橡胶树根病时发现有该病发生。

2. 为害症状

地上部分：发病初期无明显症状，逐渐表现为叶片褪绿，呈浅黄色且变小卷缩，树冠稀疏，甚至出现枯枝。最初这种现象只在一条或几条枝条上出现，很快整个树冠的叶片褪色、变黄，树叶失去闪亮的蜡质而缺乏光泽，反卷呈舟状，进而整个树冠变黄褐色，最后落叶，枝条回枯，导致整株死亡。

地下部分：染病树根表层紧贴有典型的根状菌索，沿根生长时分枝，形成网状，先端白色、扁平、老熟时圆形，黄色至暗黄褐色。刚被杀死的木质部褐色、白色或淡黄色，坚硬；仅在湿土中腐根可呈果酱状（图 2-17）。

3. 病原物

分类地位：病原菌为木质硬孔菌［*Rigidoporus lignosus*（Kl.）Imaz.］，属于担子菌亚门，层菌纲，非褶菌目，薄孔菌科，硬孔菌属真菌。

形态特征：子实体檐生、短柄或无柄，通常单生，也有群生，堆积成层，长达数尺。新鲜子实体革质或木质，上表面橙黄色，具轮纹，并有放射性沟纹，有明显的鲜黄色边缘，下表面橙色、红色或淡褐色。担孢子无色，近圆形或椭圆

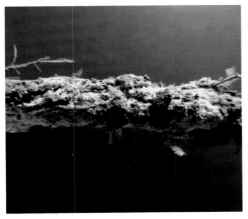

图 2-17-1　受害橡胶树根表面长出白色的菌膜

图 2-17-2　橡胶树白根病病原菌子实体常串生

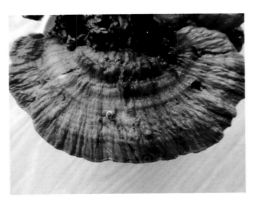

图 2-17-3　橡胶树白根病子实体（正面）

图 2-17-4　橡胶树白根病子实体（背面）

图 2-17　橡胶树白根病田间为害症状

形，顶端较尖，担孢子大小平均 $2.8 \sim 8 \ \mu m$。

4. 发生流行条件

此菌属根部专性寄居菌，离开寄主组织在土中不能存活。主要以丛林病树的残留树桩或各种灌木等野生寄主为侵染来源，通过根系纵横交替相互接触时借病根上的菌索蔓延传播。病菌的子实体产生的分生孢子也能通过气流、雨水传播到胶树伤口、树桩切面或根部，在适当环境下，孢子萌发产生侵入丝侵入胶树，扩展致使其发病，又形成新侵染源，再由根系接触传给其他胶树造成根系感染而发病。远距离传播主要靠病残体，经病菌再次传播造成新的病害或经越冬传播造成下一代病害。

5. 防治方法

（1）加强检疫

防止从疫区调运带病种苗和繁殖材料。

（2）农业防治

在病区种植，采用机械开垦，消除和烧毁橡胶树根；或用 5% 2,4-D 丁酯的柴油涂树桩皮层进行毒杀，加速树桩腐烂；用杂酚油等涂封树桩切面，防止孢子扩散。也可以在病树的两旁各挖一条深 1 m 的隔离沟，以保护周围的健康树。

（3）化学防治

定期检查根颈部，及早发现病树，迅速进行处理。

① 挖开土壤，暴露出根颈和侧根，接着切除病部，在根颈处涂抹十三吗啉等保护性杀菌剂；对病树邻近未染病的健康树也用同样的方式暴露根颈和侧根，用根颈保护剂作预防性处理。

② 采用淋灌法施用杀菌剂。在病树的根颈周围挖一半径 5~8 cm，深 8~10 cm 的浅沟，将 75% 十三吗啉乳油 100 倍液逐渐倾注到胶树根颈部使药流向菌丝体，待药液渗入土中后封埋浅沟。根颈部染病程度对处理效果至关重要。当病害侵染发展超过严重阶段，出现浅黄色叶片时，杀菌剂一般都无效。

四、紫根病

1. 分布与为害

橡胶树紫根病分布于印度尼西亚，马来西亚、乌干达、墨西哥等地。我国广东、广西、海南、福建也发现该病。在云南部分地区发生比较普遍，红河、西双版纳、德宏、临沧等地均有为害。

2. 为害症状

地上部分：感染紫根病的橡胶树，初期表现为树梢发黄，叶片反卷，后期叶片由黄色转变为红褐色而脱落。枝条纤细有枯梢或枯枝。重病树变扭曲、棱形、干缩。树头变大成蒜头状或有条沟，常见有紫红色松软海绵状菌膜（子实体紧贴树头或露根上）。

地下部分：病根表面不粘泥沙，有密集的深紫色菌索覆盖，已死病根表面有紫黑色小颗粒。病根木材干腐、质脆、易粉碎，木材易与根皮分离。病根无蘑菇味（图2-18）。

图 2-18-1　橡胶树根感染紫根病后，根表面长出深紫色的菌索

图 2-18-2　病根死后表面有紫黑色的小颗粒

图 2-18　橡胶树紫根病田间为害症状

3.病原物

分类地位：病原菌为紧密卷担菌 [*Helicobasidium compactum*（Boedijn）]，属于担子菌亚门，层菌纲，木耳目，木耳科，卷担子菌属。

形态特征：子实体平伏，紫色，松软海绵状；菌丝生于橡胶树的根部，表面形成紫色疏松菌丝结成的绒毛状的菌膜或网状菌索，后期形成紫色或黑色的扁球形菌核，担孢子单孢，无色，卵圆形或镰刀形，顶端圆，基部略尖，表面光滑。

4.发生流行条件

病原菌喜高温，阴湿的环境，每年6—8月为子实体成长最快期。胶苗和幼树发病后易产生子实体，成龄树不易产生子实体，但可以看到菌索在病树的地下部分。胶园立地环境好，胶树长势强的发病较轻。危害死亡率低，主要是在定植后3~5龄的幼树期，成龄以后死亡是罕见的。

5.防治方法

（1）农业防治

① 加强胶园苗圃病害的防除。

② 加强胶园根病的定期检查和有计划地进行治理。根病症状在 10—11 月表现最为明显，每年组织一次全面普查。当年新发病的胶树，实行深翻施有机肥或挖晒病根施肥。

（2）化学防治

久治不好的病株于根部淋施 1.5% 硫酸铜溶液 5~10 kg 或 75% 十三吗啉乳油 100 倍液 3~5 kg 灌根。

橡胶树茎干部病害

一、橡胶树割面条溃疡病

1. 分布与为害

橡胶树割面条溃疡病是世界各植胶国家广泛分布的橡胶树主要茎部病害。自1909年第一次发现该病害以后，斯里兰卡、泰国、尼日利亚、马来西亚和印度尼西亚等国家都有为害记录。我国于1961年在云南植胶区首次发现，以后为害面积逐年扩大。到1970年前后病情日趋严重，在河口地区有大片胶树因病停割，在景洪农场重病林段发病率高达90%，发病指数高达69。1962年冬，在海南的17个农场首次暴发该病害，造成几十万株橡胶树割面严重溃烂，致使30万株重病树在1963年被迫停割，减产干胶450 t。1964年和1967年该病又在海南植胶区大流行。1978—1980年云南西双版纳植胶区再次大面积流行，因病停割的重病树达23万多株，年损失干胶近800 t。该病害发生流行的影响因子主要是高湿以及通过雨季季风性落叶病感病胶果和带菌土壤，引起割面新的侵染。随着割胶制度改革，橡胶割面条溃疡病为害相对变轻。

2. 为害症状

割面条溃疡病能引起橡胶树割面树皮不同程度的溃烂。病害发生初期，在新割面上出现一至数十条竖立的黑线，黑线多时，排列呈栅栏状，病灶深达皮层内部以至木质部。黑线可汇成条状或梭型病斑，病部表层坏死，针刺病部表层无胶乳流出。低温阴雨天气，新、老割面上出现水渍状斑块，伴有流胶或渗出铁锈色的液体。雨天或高湿条件下，病部长出白色霉层，老割面或原生皮上出现皮层隆起、爆裂、溢胶、刮去粗皮，可见黑褐色病斑，边缘水渍状，皮层与木质部之间夹有凝胶块，除去凝胶后木质部呈黑褐色，块斑可分 3 种类型：a. 急性扩展型块斑，病健皮层界限不明显，病斑黑褐色，边缘呈暗色水状；b. 慢性扩展型块斑，病健皮层界限明显，被一黑褐色线纹包围；c. 稳定型块斑，病斑干枯下陷，被黑色线纹包围，边缘长出愈伤组织，表皮隆起。在一定条件下，各类型病斑可相互转化（图 2-19）。

图 2-19-1　橡胶树割面条溃疡病发生初期，在新割面上出现数条竖立的黑线

图 2-19-2　新割面的黑线多时，排列成栅栏状

图 2-19-3　新割面受条溃疡病感染后，形成黑褐色、略凹陷的在块斑

图 2-19-4　病灶深达皮层内部至木质部

图 2-19　橡胶树割面条溃疡病田间为害症状

3. 病原物

分类地位：橡胶树割面条溃疡病是由卵菌门，卵菌纲，霜霉目，腐霉科，疫

霉菌属多种疫霉菌引起，其中以柑橘褐腐疫霉［*Phytophthora citrophthora*（R. E. Sm. & E. H. Sm.）Leonian］为主要致病菌。

形态特征：菌落呈放射状或花瓣状，菌丝粗细均匀，无色透明，无隔膜，分枝少，分枝处稍缢缩。孢囊梗不规则分枝，孢子囊形态变异大、卵形、近圆形、倒梨形或不规则形。大小为（28.6~85.8）μm×（23.4~39.0）μm（平均51.2 μm×29.9 μm），乳突明显，多为1个，少数2个，偶尔3个。

4. 发生流行条件

橡胶树割面条溃疡病喜好冷凉、高湿天气。割线越靠近地面，割面上的微环境湿度越高，且地表的病原菌越容易侵染，因此割面条溃疡病会比较重；冷凉、湿环境有利于病原菌的游动孢子释放和移动，因此病害相对比较重。

橡胶树季风性落叶病的病叶、病枝、病果上的病原菌是割面条溃疡病的重要侵染源。橡胶树被季风性落叶病危害后，树冠上的病叶、病枝、病果上的病原菌，可借助雨水从病灶经由树干流向橡胶树割面，也可落入林下在土壤中存活，遇上风雨天气时，借助雨水飞溅到割面上，然后侵染引起割面条溃疡病。

5. 防治方法

(1) 农业防治

加强林段抚育管理。雨季前，砍除防护林下和林段内的藤蔓、灌木和杂草，修除下垂枝，排除积水，合理施肥、以降低林段湿度，使之通风透光，加快树皮干燥，创造不利于病菌传播和侵害的条件。

贯彻冬季安全割胶措施。一是避免高强度割胶，要合理安排全年各月的割次，抓紧有利天气割胶，避免在病害流行季节高强度割胶。高强度割胶会明显加重割面条溃疡病的为害。二是坚持"一浅四不割"。一浅就是适当浅割，留皮0.15 cm。"不割"即早上8:00气温在15℃以下，当天不割；毛雨天气或割面树皮不干时不割；易感病芽接树位凡前垂线离地面50 cm以下，中至重病实生树位凡前垂线离地面30 cm以下的低割线不割，在病害流行期都要转高割线；病树出现1 cm以上的病斑，在未经治疗处理前不割。割面黑线密集的病树，应加强施药控制或暂时停割。三要提高割胶技术，正确掌握稳、准、轻、快的割胶方法。尽量做到割得薄、割得平、割得浅和割得均匀，少伤树。深割，割伤树会严重加重条割面溃疡病的危害。

（2）物理防治

在发生季风性落叶病的胶园，由于树冠上的病叶、病果、病枝上有大量病菌，其通过雨水、露、雾水可流至割面，侵染割线引起割面条溃疡病。在胶树割线上方安装防雨帽，不仅能阻隔下流雨水中的病菌而减少侵染菌源，而且可防止雨水冲胶，保持割面的树皮干燥，创造不利于病菌侵染的条件。

（3）化学防治

重点关注季风性落叶病病情重、小环境比较潮湿的橡胶林段。在割胶季节割面出现条溃疡黑纹病痕时，及时涂施有效成分为1%瑞毒霉或5%~7%乙磷铝缓释剂2次，能控制病斑扩展。对扩展型病斑要及时刮治处理：用利刀先把病皮刮出干净，伤口用有效成分为1%敌菌丹、乙膦铝或0.4%瑞毒霉进行表面消毒，待干后撕去凝胶，再用凡士林涂封伤口。处理后的病部木质部可喷敌敌畏防虫蛀，两周后再涂封沥青、柴油（1:1）合剂，并加强病树的抚育管理，增施肥料。

二、橡胶树死皮（褐皮）病

1. 分布与为害

橡胶树死皮病是割面主要病害之一，巴西早在1877年就有报道，而亚洲最早记载是在1905年。至20世纪初，尤其是1913—1923年，在印度、马来亚和印度尼西亚等国。由于割胶制度不完善引起大量的死皮病发生，造成极大的损失。海南、云南、广东三大植胶区橡胶树平均死皮率高达24.71%，停割率为14.55%。与同一植胶区民营胶园相比，国营农场橡胶树死皮率、三级以上死皮率、停割率均低于民营胶园。三省国营农场死皮率和三级以上死皮率从小到大的顺序依次均为：云南 < 海南 < 广东，死皮率分别为20.77%、28.08% 和30.90%；橡胶树死皮停割率从小到大的顺序依次为：海南 < 云南 < 广东，分别为13.89%、14.23% 和14.56%。云南植胶区国营、民营胶园橡胶树死皮率与三级及以上死皮率均低于其他植胶区国营和民营胶园相应指标。橡胶树主栽品种中，其死皮率与停割率从小到大的顺序依次均为：热研7-33-97<PR107<GT1<RRIM600< 南华1号。橡胶树死皮率和停割率均随着割龄增长呈现递增趋势。就死皮率而言，5 割

龄以下的橡胶树在 7.56%~7.67%，6~10 割龄达到 15.74%，当割龄大于 15 年时，橡胶树死皮率达 38.91%；就停割率而言，5 割龄以下者低于 2.70%，6~10 割龄段为 8.81%，15 割龄以上者为 24.00%。

2. 为害症状

受橡胶树死皮（褐皮）病的影响，橡胶树树干割线范围内橡胶树皮局部或全部丧失产胶机能，主要表现为割线局部或全部不排胶，有时部分组织褐变坏死。橡胶树死皮可分为病理性死皮和生理性死皮两大类。病理性死皮常伴随着褐斑的出现，常被称为"褐皮病"；生理性死皮主要由生理因素引起，包括割面干涸和树干韧皮部坏死。橡胶树褐皮病是割面树皮或割线以下的原生皮层具有明显的褐斑病灶，割线排胶减少或不排胶。按照病灶发生类型及危害程度，褐皮病又分为外褐型、内褐型、全褐型和稳定型 4 种类型（图 2-20）。

图 2-20-1　感染橡胶树死皮病植株的
　　　　　　割线已无产胶功能

图 2-20-2　橡胶树死皮的症状：间断排胶

图 2-20　橡胶树死皮（褐皮）病田间为害症状

外褐型属慢性扩展型褐皮病，发病初期在割线中段出现灰暗色，继而在割线的黄皮至砂皮产生褐斑，外皮与内皮逐渐干枯，而刺检水囊皮仍有胶乳；坏死的病灶会缓慢地向黄皮，向割口下方和两侧扩展，镜检可见黄皮外层和砂皮内层乳管坏死，单宁细胞和石细胞增多。外褐型的特征是砂皮至黄皮有褐斑、水囊皮正常。

内褐型为急性扩展褐皮病，发病初期排胶骤增，干胶产量下降，水囊皮出现暗灰色水渍状病变，随后乳管由水囊皮渐渐向外坏死，使水囊皮和黄皮相继出现褐斑。显微观察表明，发病初期水囊皮内部产生石细胞，皮部射线紊乱，使水分和养分横向运输困难，外层树皮组织因缺乏水分和养分供应而干枯。有些无性系干枯的树皮会自然脱落，长出新皮。这类型褐皮病发病快，严重时形成层也有褐斑，即使进行剥皮处理，新生皮也可能重新出现褐斑。

全褐皮型"死皮"的主要特征是，整个树皮从砂皮、黄皮到水囊皮全有褐斑，外褐皮型"死皮"由外向内或内褐皮型"死皮"由内向外发展而成。

稳定型褐皮病主要特征是，有些割线（面）发生干涸到一定程度后趋于稳定，褐斑病灶界线分明，而后外皮坏死爆裂脱落，内层长出的新生皮没有褐斑，割线颜色正常，可以自然恢复产胶能力，但这种树皮往往有木瘤，妨碍割胶生产。

3. 橡胶树死皮（褐皮）的病因

关于橡胶树死皮病的病因，目前还没找到最本质的原因。有学者认为病理性死皮由植原体引起，属于原核生物界、细菌域、硬壁菌门、柔膜菌纲、植原体暂定属: *Phytoplasma*。大部分学者认为，橡胶死皮是由生理方面的原因引起，譬如超强度割胶、滥用刺激性药剂（如乙烯利）以及管理不到位所导致。

4. 发生流行条件

病理性死皮：病理性死皮具有传染性，一般沿橡胶树种植行连株发病，中轻病树经药治疗后可以恢复产胶，而重病树割线干涸，不产胶一般是不可逆的。种植的纬度越低发病越重，高温多湿、营养不良以及管理措施不到位是死皮病发生的重要条件。不同品种和不同树龄的橡胶树对死皮病的抗病性不同，如 PR107、GT1 具有一定的抗病力，病情较轻，RRM600、PB86 则较感病；同一品系，树龄越大，发病越严重。

生理性死皮：生理性死皮是由高强度割胶和乙烯利过度刺激所引起，无传染性。该病最典型症状为割面干涸，其发生率占总死皮率的 90% 以上。研究和实践表明，割面干涸属于非坏死性死皮，其发生过程是可逆的。

5. 防治方法

自橡胶树"死皮"发现以来的 100 多年里，为揭示"死皮"的发生、发展机制，相关研究人员从解剖学、细胞学、病理学、生理学、生物化学、遗传学和分子生物学等多个角度做了不懈的探索。但至今对"死皮"的成因、发生发展规律仍不清楚。由于"死皮"发生的诱因不明，因此也就很难开发出有效的药剂和行之有效的防控技术。目前，针对"死皮"的总体原则是"预防为主，综合防治"：首先应以预防为主，加强管理，正确处理好管、养、割三方面的关系，同时应加强耐性品系的选育；另一方面，针对不同的"死皮"类型、严重程度，可通过减刀、休刀停割、阳刀转阴刀割胶、施用微量元素或使用抗菌药剂等措施部分或者全部恢复"死皮"树的产排胶功能。

① 合理选择宜胶林地。橡胶树的产胶能力往往与其生长的环境（地域）有关，一些环境因素如气候、土壤、水分等都会直接影响到胶树的生长和胶乳的形成。同样，即使在同等气候条件下，土壤肥沃、水分充足的地方，胶树生长茂盛、树围增粗快、树皮厚而软、乳管饱满、胶水多、树皮各组分分界线明显；而土壤贫瘠、水分不足的地方，胶树长势差、围径增粗慢、树皮薄而硬、乳管细少且紧靠水囊皮、胶水少。一般来说，在正常割胶强度下，立地环境条件好的胶树产胶多、"死皮"少。因此，在规划胶地时，要尽量选择气候条件好、雨水充足、土壤肥沃等宜胶林地。

② 严格控制割胶深度。割胶对橡胶树而言是一种反复的机械损伤，而机械损伤必然导致一些细胞、组织的死亡。割胶的原则是最大限度地割断产量能力强的成熟乳管，而尽量避免伤及运输光合同化物等的筛管组织。

③ 合理使用刺激割胶。作为一种衰老性激素，乙烯利的应用在提高橡胶产量的同时，也带来了不容忽视的负面效果。刺激割胶要尽量避免在中小龄树上应用，严格控制施用浓度，执行"增肥、减刀、浅割"的措施。

④ 采用双割面轮割。由于乳管列与列之间基本上是不相通的，采取双割面轮割就可减轻长期割胶对同一割面的累计损伤。

三、绯腐病

1. 分布与为害

绯腐病于 1909 年首次在印度尼西亚爪哇的橡胶树上发现，中国云南植胶区于 1955 年发现此病。本病主要危害胶树枝条及茎干。3~10 龄胶树受害较重，可引起部分枝条甚至整个树冠枯死，影响胶树生长及产胶。

2. 为害症状

发病初期，通常在胶树树干的第二、第三分杈处的树皮表面出现蜘蛛网状银白色菌索，随后病部逐渐萎缩，下陷，变灰黑色，爆裂流胶，最后出现粉红色泥层状菌膜，皮层腐烂，后期粉红色菌膜变为灰白色。在干燥条件下菌膜呈不规则龟裂。重病枝干，病皮腐烂，露出木质部，病部上方枝条枯死，叶片变褐枯萎，下方健部常常抽出新嫩梢（图 2-21）。

 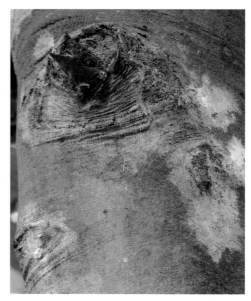

图 2-21-1　感染橡胶树绯腐病的树杈处长出　　　　图 2-21-2　感病部逐渐萎缩，变灰黑色
　　　　　　蜘蛛网状银白色菌索

图 2-21　橡胶树绯腐病田间为害症状

3.病原物

分类地位：病原菌为鲑色伏革菌（*Corticium salmonicolor* Berk. & Br.），属于担子菌亚门，层菌纲，非褶菌目，革菌科，伏革菌属真菌。

形态特征：担子果膜质、革质，有时木栓质，有柄或无柄。子实层生于平伏的担子果上面或生于反卷成檐状担子果的下侧，子实层体光滑，或具皱纹或被疣。

4.发生流行条件

该病菌喜高温高湿，低洼积水、荫蔽度大，通风不良的林段发病较重，一般3~10龄橡胶树受害较为普遍和严重。

5.防治方法

（1）农业防治
① 选用抗病高产品系，抗病品种有 PB86、PR107、GT1 等。
② 加强林管，雨季前砍除灌木、高草，疏通林段，以降低林内湿度。

（2）化学防治
每年雨季调查及发现病害时进行防治。可喷施 0.5%~1% 波尔多液保护树干，或用 75% 十三吗啉乳油 500 倍液喷施一次，直至病害停止扩展为止。发病严重的枝干用利刀将病皮刮除干净，并集中烧毁，然后涂封沥青 + 柴油（1∶1）合剂，促进伤口愈合。

第三章

橡胶树
非侵染性病害

营养元素失调引起的
非传染性病害

　　橡胶树生长发育所需的基本营养物质（称为植物必需元素）除本身可以通过光合作用合成碳水化合物外，还需由外源提供其他的基本营养物质，包括氮、磷、钾、钙、镁、硫、铁、锰、锌、铜、铝、硼、氯13种元素。许多营养元素是植物细胞的构成成分，它们参与植物的新陈代谢。在新陈代谢中发挥各自的生理功能，使得植物体能够完成其遗传特性固有的生长发育周期。当植株缺乏某种必需元素时，就会因生理代谢失调，导致外观上表现出特有的症状，叫做缺素症（deficiency）。当各种必需元素间的比例失调或某种元素过量，也会导致植物表现出各种病态，如植株的矮小，生长发育受抑制，失绿、坏死、畸形、徒长、叶片肥大等。植物营养失调的结果往往导致植物的品质变劣，生物产量和经济产量下降，甚至死亡。

　　橡胶树营养失调的原因是多方面的。如橡胶树营养元素的缺乏，一般是由于土壤中某种营养元素不足或缺乏，植株无法吸收到必需的数量；土壤中本来含有一定量的某种元素，但由干旱或营养元素被无机物或有机物所吸附固定，土壤的理化性质不良，土壤的pH值不适等原因导致土壤中的某种营养元素无法被植物所吸收；不良的气候条件，土壤管理不善，偏施某类肥料导致养分不均衡；一种营养元素过多，阻碍或抑制植物对其他元素的吸收和体内分布的生理效应等。

　　由于不同营养元素的生理功能不同，各种元素在橡胶树体内移动能力的强弱不同，橡胶树营养失调的症状，会因元素的不同而异。一种元素失调的程度、生育期或环境条件（如气温等）不同，表现出的症状有时还会存在一定的差异，但一般来讲，某种元素失调会出现其特有的症状特点。

一、常见橡胶树营养失调症的主要症状特点

1.氮素营养失调

橡胶树缺氮，生长受抑制，植株矮小、瘦弱、叶片薄而小、整个叶片呈黄绿色，严重时下部老叶几乎呈黄色，干枯死亡；根系最初比正常色白而细长，但数量少，后期根停止生长，呈现褐色；茎细、多木质、分枝少。因为植物体内的氮素化合物有高度的移动性，能从老叶转移到幼叶，所以缺氮的症状通常从老叶开始出现，逐渐扩展至上部幼叶。这与受旱引起的叶片变黄不同，受旱叶片变黄，几乎是全株上下叶片同时变黄（图3-1）。

图 3-1-1　橡胶树老叶缺氮症状

图3-1-2　橡胶树嫩叶缺氮叶片褪绿，颜色比较均匀一致

图 3-1　橡胶树缺氮症状

氮素过剩，容易促进植株体内蛋白质和叶绿素的大量形成，使营养体徒长，叶面积增大，叶色浓绿，叶片披垂相互遮荫，影响通风透光。果树体内氮素过多则枝叶徒长，不能充分进行花芽分化。

2.磷素营养失调

橡胶树缺磷，生长受抑制，植株生长缓慢，地下部生长严重受抑制；叶色暗

绿，无光泽或因花青素积累变紫红色，从下部叶片开始逐渐死亡脱落；花少、果少、果实迟熟，易出现秃梢、脱荚或落花、落蕾；种子小而不饱满，千粒重下降（图3-2）。

磷素过多会因水溶性磷酸盐与土壤中的锌、铁、镁等营养元素生成溶解度低的化合物，降低上述元素的有效性。因此，磷素过多引起的症状通常表现出缺铁、缺锌、缺镁等的失绿症。

橡胶树叶片叶肉变紫、红黄色

图3-2　橡胶树缺磷症状

3. 钾素营养失调

橡胶树缺钾，一般从老叶尖端沿叶缘逐渐变黄，进而变褐或出现斑点状褐斑，叶缘似烧焦状或卷曲状皱纹，或叶尖黄化、坏死；植株的维管束木质化程度低，厚壁组织不发达，茎细小、柔弱、节间短、易倒伏；根系生长明显停滞，细根和根毛生长极差，易出现根腐病；分蘖多而结穗少，种

橡胶树叶缘通常呈变黄褐色坏死

图3-3　橡胶树缺钾症状

子瘦小，果实不饱满；有时果实出现畸形，有棱角。籽粒干瘪、皱缩（图3-3）。

钾素过剩，易引起其他营养元素（如硼）的有效性受阻。

4. 钙素营养失调

橡胶树缺钙，植株矮小，组织坚硬，缺钙先发生于根部和地上部的幼嫩部分，未老先衰或容易腐烂死亡；茎、根的生长点首先出现症状，轻则呈现凋萎，重则生长点坏死；幼叶变形，叶尖往往出现弯钩状，叶片皱缩，边缘向下或向前卷曲，新叶抽出困难，叶尖相互粘连，有时叶缘成不规则的锯齿状，叶尖和叶缘发黄或焦枯坏死。

5. 镁素营养失调

植物缺镁，症状在叶片上的表现特别明显，首先在中下部叶片的叶脉间色泽褪绿，由淡绿色变黄再变紫，随后向叶基部和中央扩展，但叶脉仍保持绿色，在叶片上形成清晰的网状脉纹；严重时叶片枯萎、脱落。长期缺镁，则阻滞生长，较为严重时，果实小或不能发育（图3-4）。

橡胶树叶片叶脉间变黄向叶缘边延伸，
叶脉两侧呈绿色

图 3-4　橡胶树缺镁症状

6. 硫素营养失调

橡胶树缺硫，症状往往先出现在幼叶（缺氮则老叶先出现症状），初期幼叶黄化，叶脉先缺绿，然后遍及全叶；严重时，老叶变为黄白色，但叶肉仍呈绿色；缺硫植株，茎细小，根稀疏，枝很少；开花结实期延迟，果实减少，缺硫症状还会受氮素供应的支配，氮素供应充足时，新叶先出现缺硫症状；氮素供应不足时，老叶先出现缺硫症状。

7. 铁素营养失调

由于铁在植物体内是不易移动的元素，所以缺铁时症状首先在植株的顶端等幼嫩部位表现出来；新叶叶肉部分失绿变成淡绿色、淡黄绿色、黄色，甚至变成白色，而叶脉仍然保持绿色，形成网状。严重缺铁时，叶脉的绿色也会逐渐变淡并慢慢消失，整个叶片成黄色或白色，有时出现棕褐色斑点，最后叶片脱落、嫩枝死亡；茎、根生长受抑制，果树长期缺铁，顶部新梢死亡、果实小。

铁素过剩，在酸性、含水量高和通气不良的土壤条件下，易出现铁的毒害。铁的毒害使叶片变为暗绿色，地上部和根系生长受阻，根变粗。

8. 锰素营养失调

橡胶树缺锰，植株矮小，呈缺绿病态。一般新叶先开始出现症状，叶肉失绿，叶脉仍为绿色，叶脉呈绿色网状；严重时，褪绿部分呈黄褐色或赤褐色斑点；有时叶片发皱、卷曲甚至凋萎。对缺锰敏感的植物有：小麦、大豆、花生、豌豆、马铃薯、黄瓜、萝卜、菠菜、桃、柑橘、葡萄、莴苣等。

锰素过剩，引起植株中毒的症状表现为老叶边缘和叶尖出现许多焦枯棕褐色的小斑，并逐渐扩大，但不出现失绿症。

9. 锌素营养失调

橡胶树缺锌，光合作用减弱，叶片脉间失绿或白化，植株矮小，生长受抑制，产量降低；锌素过剩，可引起锌中毒，主要表现在根的生长受阻。

10. 铜素营养失调

橡胶树缺铜，一般表现为幼叶褪绿、坏死、畸形及叶尖枯死；植株纤细，木质部纤维和表皮细胞壁木质化及加厚程度减弱；叶片卷缩，植株膨压消失而出现凋萎，叶片易折断，叶尖呈黄绿色。草本植物缺铜，往往叶尖枯萎，嫩叶失绿，老叶枯死。木本植物缺铜，则表现枯梢，果实和小枝出现腐烂斑，顶枯，树皮开裂，流胶，果实小，果肉僵硬。

铜素过剩可引起铜中毒，首先表现为对根部细胞质膜的危害，致使植株主根生长受阻、侧根变短；新叶失绿、老叶坏死，叶柄和叶背变紫。

11. 钼素营养失调

橡胶树缺钼，呈现的症状有两种类型：① 脉间叶色变淡、发黄，类似于缺氮和缺硫的症状，但缺钼的叶片易出现斑点，边缘发生焦枯并向内卷曲，且由于组织失水而呈萎蔫，一般老叶先出现症状，新叶在相当长时间内仍表现正常。成熟叶片有的尖端有灰色、褐色或坏死斑点，叶柄和叶脉干枯。② 叶片瘦长畸形，成鞭状或螺旋状扭曲，老叶变厚，焦枯。

12. 硼素营养失调

橡胶树缺硼，生长点受抑制，茎节间短促，生长点生长停滞，甚至枯萎死亡、顶芽枯死后，腋芽萌发，侧枝丛生，形成多头大簇；根系发育不良，根尖伸长停止，呈褐色，侧根加密，根茎以下膨大，似萝卜根；老叶增厚变脆，叶色深，无光泽，叶脉粗糙肿起，新叶皱缩，卷曲失绿，叶柄加粗短缩；茎矮缩，严重时出现茎裂和木栓化现象；花蕾脱落，花少而小，花粉粒畸形，生活力弱，常花而不实，结实率低；果树的果实发育不良，常是畸形。

硼素过多可引起中毒，一般在中下部叶片尖端或边缘褪绿，随后出现黄褐色斑块，甚至坏死焦枯。

13. 氯素营养失调

橡胶树缺氯的一般症状为叶片失绿、凋萎，有时成青铜色，逐渐由局部遍布全叶而坏死，根系生长不正常，根细而短、侧根少。

植株的氯素过量引起的氯素中毒现象比缺氯更常见。氯素中毒表现为叶尖、叶缘呈灼烧状，早熟性发黄及叶片脱落。氯中毒症状一般发生在某一叶层的叶片上，过一段时期后，症状逐渐消失，生长能基本恢复正常。

二、橡胶树营养缺乏症的辨别

不同营养元素的失调，有时会出现近似的症状，但根据营养元素的移动性不同，还是可以区分出具体的失调元素。一些容易移动的元素，如氮、磷、钾及镁等，当植物体内不足时，就会从老组织移向新生组织，因此缺乏症最初总是在老组织上先出现。相反，一些不易移动的元素，如铁、硼、钼等，缺乏症则常常从新生组织开始表现。铁、镁、锰、锌等直接或间接与叶绿素形成或光合作用有关，缺乏时一般都会出现失绿现象；而磷、硼等和糖类的转运有关，缺乏时糖类容易在叶片中滞留，从而有利于花青素的形成，常使植物茎叶带有紫红色泽；硼和开花结实有关，缺乏时花粉发育、花粉管伸长受阻，不能正常受精，就会出现"花而不实"。而新生组织生长点萎缩、死亡，则是与缺乏细胞膜形成的必需元素钙、硼而使细胞分裂过程受阻碍有关。小叶病是因为缺锌，生长素的合成不足所致等。

橡胶树缺素引起的叶片失绿症状往往与一些侵染性病害如病毒病引起的失绿症状相似，但在大多数情况下，营养元素失调引起的叶片失绿症状始于叶肉组织，并有从局部到全叶扩展的明显过程，叶脉通常保持绿色；有些失绿症状先出现在中部叶片，新生叶不易出现或迟出现，如缺镁引起的失绿症状。而病毒病引起的失绿症状则往往是新生叶症状更明显，失绿症状在整个叶部无从局部到全叶扩展的明显过程，叶脉通常也明显失绿，同时失绿部位还伴随着色泽深浅不均的现象，如斑驳、花叶等。

橡胶树茎、叶的营养缺乏症可按下表进行初步检索：

症状在老组织或成熟组织上先出现

不易出现斑点（缺氮、磷）

新叶淡绿，老叶黄化枯焦，早衰··缺氮

茎、叶暗绿或紫红色，生育期推迟··缺磷

易出现斑点（缺钾、锌、镁）

叶尖及边缘先枯焦，症状随生育期推延而加重，早衰·················缺钾

叶小，斑点大而常先出现在主脉两侧，生育期推迟·····················缺锌

脉间明显失绿，有多种色泽斑点或斑块，但组织不易出现坏死········缺镁

症状在幼嫩组织上先出现

顶芽易枯死（缺钙、硼）

茎、叶柔软，发黄焦枯，早衰··缺钙

茎、叶柄变粗，脆、易开裂，叶脉木栓化······································缺硼

顶芽不易枯死（缺铜、钼、硫、锰、铁）

嫩叶萎蔫，无失绿··缺铜

叶片生长畸形，或斑点散布在整叶··缺钼

叶脉失绿或均匀失绿···缺硫

脉间失绿，出现斑点，组织易坏死··缺锰

脉间失绿，叶片发黄或发白··缺铁

灾害性气象引起的
非传染性病害

一、寒害

1. 分布及类型

造成大面积寒害有 3 类，平流型寒害、辐射型寒害和混合型寒害。平流型寒害，是由于出现强烈冷平流天气，引起剧烈降温而发生的；辐射型寒害，在晴朗无风的夜晚，地表强烈辐射降温而发生的寒害；混合型寒害，前两种类型共同作用下发生的寒害。20 世纪 70 年代以来（1973/1974 年冬、1975/1976 年冬和 1999/2000 年冬）出现 3 次较为强烈的降温，导致开割树、未开割树以及苗圃不同程度受害。

2. 寒害症状

树冠寒害。未分枝幼树在降温数天后出现芽、叶干枯，以致树冠部分或全部干枯。已分枝幼树或开割胶树，在降温一周左右出现受害症状：一种是树冠被迫迅速落叶，枝条基本不受害或嫩梢轻微受害；另一种是受害后叶片呈水渍状垂挂在枝条上，甚至 2~3 个月后仍不脱落，往往导致树冠半枯或全枯。后一种症状多分布在二、三类型重寒害区，如勐海的勐遮、勐腊的尚勇、江城的整董、景洪的关坪等地区，为典型的平流降温受害症状（图 3-5-1，图 3-5-2）。

茎干干枯。在受害初期不易发现，用刀刺还有胶流出，刮去表皮，在表皮上可见很多黑色斑块，但皮层和形成层均变成褐色或略发黑色，有酒味。到后期，树皮坏死，但不干缩，刀刺不流胶，挖开树皮常可见一层薄胶膜，随后树皮干裂。一般幼树受害后症状出现较快，成龄树较慢。橡胶树发生寒害时通常伴有小蠹虫为害，甚至整株干枯死亡。

烂脚。多发生于根茎交界处或芽接接合点附近，有的仅砧木烂，或仅接穗受害，还有的则砧木和接穗都受害。其症状有两种：一是受害部爆胶、隆起，树皮变黑坏死，内凝胶形成胶垫，重者能扩展至根部，若环状受害，会导致胶树枯死；二是受害部不爆胶，而树基部已部分或全部冻枯，初期不易发现，待树皮干裂时才出现症状（图 3-5-3）。

割面与树干爆胶。割面受害后，在割面和茎干各部位常出现爆胶点。从爆胶点刮开树皮，其周围大片树皮皮层褐色，或有黑点、黑斑，树皮渐渐枯死，皮层与木质间内凝胶形成块状胶垫，树皮与木质部分离，并有腐臭味，导致树皮失水干枯（图 3-5-4）。

根系寒害。主根一般寒害较轻，其受害往往是烂脚的延伸部分，受害根部位多在根茎交界下 15 cm 范围内，根皮变色，爆胶或部分枯死。

图 3-5-1　橡胶树受害寒后，整株树冠枯死

图 3-5-2　橡胶树叶片受害后叶片呈水渍状
挂在枝条上

图 3-5-3　橡胶树寒害"烂脚"症状

图 3-5-4　橡胶树寒害"爆皮流胶"症状

图 3-5　橡胶树寒害田间症状

3.防御措施

① 合理配置品种。根据种植区域选择种植品系，尽量避免种植品种过于单一。除了要考虑产量因素外，还必须综合考虑抗性特征，尽量选用抗性强的品种，优化品种结构，科学配置。

② 认真执行橡胶树栽培技术规程，如采用围洞法种植胶树，可显著提高其抗寒能力。

③ 加强胶园管理，做好灾后处理。在寒害后加强胶园的水肥管理，另外，寒害发生后橡胶树树势衰弱，易遭受白粉病、炭疽病、小蠹虫等病虫害为害，应加强病虫害监控力度，适时防治。

二、冰雹

1. 危害症状

冰雹多发生在 2—5 月，冰雹极易毁坏幼龄橡胶树树干枝条，落花、落果、落叶，造成橡胶减产（图 3-6）。

橡胶树冰雹灾害

图 3-6　橡胶树遭受冰雹灾害后的田间症状

2. 防御措施

在胶园附近多种植防护林，增加绿化面积，改善地貌环境，破坏雹云形成条件；多雹季节胶农割胶时随身携带防雹工具，同时气象部门要适时开展人工消雹作业，以降低灾害损失。

三、风害

1. 危害症状

大风天气是橡胶树受灾的主要气象灾害之一，对橡胶树的损害形式表现为连根拔起、主干折断、枝条折断及树叶大量吹落。风力越大，橡胶树折倒的可能性越大。8 级风可作为橡胶风害的一个判别指标，当风力达到或者预计达到 8 级以上大风时，都应当根据风力的大小采取相应的防御措施。

风速越大、树冠面积越大则承受的风压越大。橡胶树生长的年代越长，根系发达，树干粗硬，风害越轻；种植时间较短的橡胶树由于本身细小，迎风面小，加之枝干柔软，一般不容易折断，风后恢复比较容易，风害相对较轻。长的较高且树冠过重的胶树受风害较重，林段内最靠近缺株的空隙附近，风害一般都比较严重，主枝大和分枝角度小的胶树更易遭受风害（图 3-7）。

图 3-7-1　风害致使橡胶树干折断　　　　图 3-7-2　风害致使橡胶树连根拔起

图 3-7　橡胶树风害田间症状

2. 防御措施

培育和种植合适的抗风品系，在胶园周围种植防护林以减弱风速；增加土壤肥力，加强橡胶植株的病虫害管理；合理安排种植密度，选择有利的地形，尽量选择背风坡或弯曲多分支、出口窄且与风向平行的山谷；及早对胶树进行整形修枝，把大的侧枝剪除，修枝以减轻树冠的重量，减轻分枝和叶簇重量。

第三节

其他因素引起的
非传染性病害

一、煤烟污染

1.煤烟污染的危害

煤烟污染破坏橡胶树叶片叶绿体结构，减弱了叶绿素的生物合成，且叶绿素分解加快，叶绿素总量减少，光合作用降低。煤烟污染的灰尘、废气造成大气光辐射减弱、植物气孔堵塞、叶绿体内氟化物累积，影响植物对光的利用及叶绿素的合成等，进而导致其光合效率减弱。受害较重的橡胶树林段因树叶不能正常生长，叶片基本失去光合作用，严重影响橡胶树产胶量。

2.煤烟污染的症状

受污染的橡胶树长势减弱，树干呈灰色，树叶由叶缘开始向内褪绿、畸形变薄、变小、呈半透明、无光泽，透光时不见叶绿素。污染严重时，橡胶树叶片变黄、卷曲、脱落（图3-8）。

受砖厂烟尘危害的橡胶树叶片

图3-8 橡胶树煤烟污染

3. 发生煤烟污染的原因

煤烟污染主要由砖厂排放的废气引起。砖厂废气主要成分为氟化物、二氧化硫及氯化物等，其中氟化物的危害性最强。研究表明，一间砖厂（年产 1 500 万 ~1 600 万块标准砖）排放的氟化物，可使处于下风向 800 m 范围内的环境大气中氟化物浓度超标，而砖瓦厂周围的土壤、农作物和果树已受氟化物污染，且随着时间的延长，污染会进一步加重。砖厂废气直接排放于周围的大气中，也会不断沉降在土壤中，植物通过根系、叶片气孔吸收土壤和大气中的氟化物，并逐渐积累在植物体内。砖厂使用的煤炭经燃烧后所排出二氧化硫（SO_2）会使橡胶树发生急性、慢性、不可见危害。SO_2 通过气孔进入叶内，溶化浸润于细胞壁的水分中成为重亚硫酸离子（HSO_3^-）和亚硫酸离子（SO_3^{2-}）并产生氢离子（H^+）。H^+ 降低细胞 pH 值，干扰代谢，如气孔关闭，叶绿素转变为去镁叶绿素，SO_3^{2-} 和 HSO_3^- 与二硫化物起作用，切断双硫链，使酶失活，还能使叶绿素氧化分解，细胞受伤，使橡胶树叶片出现暗绿色斑点，然后叶色褪绿、干枯，甚至出现坏死斑点。

4. 救治措施

预防煤烟污染的措施：建立橡胶园时应避免建在砖厂附近。砖厂应对排放的废气进行处理，通过改造和更新燃煤设备和改进燃烧条件，提高燃烧技术水平，使烟气中的可燃物全部或大部分烧尽，既能减少烟尘的排放又能节约煤炭。

二、药害

药害是指施用农药导致橡胶树生长发育或生理变化不正常等受害现象。药害的产生与农药的品质、使用技术、植物和环境条件等方面因素有关，如农药质量差、制剂意外混入了有害杂质；农药有效成分分解成有害物质，农药混用不当、选择施药方法不当、药剂误用；任意扩大施用植物、施药时期不当；极端高温或低温、暴雨、刮风等恶劣气候条件下施药等，均可能引发药害。同一植物不同生育期敏感性也不同，一般来说，幼苗和开花期的植物更敏感。在橡胶生产中，因使用除草剂引起的药害非常常见。

1. 除草剂药害的发生与危害

随着农业生产的发展，除草剂的使用面积和使用量逐渐增大，化学除草已经成为当前最广泛、最必不可少的除草技术。但随之而来的药害问题也越来越突出，并不同程度地影响乳胶产量与品质。

2. 除草剂药害的症状

橡胶树叶片脉间失绿，叶缘发黄，进而叶片完全失绿、枯死。或者叶片畸形、叶皱缩或形成坏死斑。严重受害时，整株叶片干枯、脱落，幼苗矮化（图3-9）。

草甘膦除草剂药害导致橡胶树叶片变成细长条形

图 3-9　橡胶树药害

3. 发生药害的原因

① 技术性药害。技术性药害多由施药剂量、施药时期、除草剂混用、施药器械等方面使用或选用不当造成。

② 残留性药害。磺酰脲类、咪唑啉酮类等除草剂在土壤中残留时间较长，

一般可达 2~3 年，长的可达 4 年。

③ 飘移性药害。有部分除草剂飘移性较大，在规定农作物上施用时，极易飘移到邻近作物上，产生飘移药害。

④ 条件性药害。温度、湿度、光照、风雨等气象条件对除草剂的药效发挥有着至关重要的作用。

⑤ 质量性药害。使用未经登记的、无三证的、过期的、标签不清的除草剂，或其有效成分中含有害的其他农药成分或杂质的除草剂。

4. 救治措施

对除草剂药害的救治关键在于早发现，早处置。

① 喷水淋洗。针对由叶面和植株喷洒某种除草剂而发生的药害，迅速用大量清水喷洒受药害的作物叶面，反复喷洒清水 2~3 次，尽量把植株表面上的药物冲刷掉。

② 使用叶面肥及植物生长调节剂。可在发生药害的农作物上，施尿素等速效肥料增加养分，或喷施含有腐植酸、黄腐酸的叶面肥，或者喷施植物生长调节剂赤霉素、芸薹素内酯、复硝酚钠、生根粉等，可缓解乙草胺、莠去津等除草剂产生的药害。

③ 应用保护剂。保护剂能增加作物对除草剂的耐性，提高除草剂的选择性及扩大除草剂的使用范围，可以在一定程度上保护作物免受除草剂的伤害。

④ 去除药害较严重部位。对于受害较重的胶树枝叶，迅速去除，以免药剂继续传导和渗透，并迅速灌水淋洗，以防止药害继续扩大。

⑤ 加强田间管理。对发生药害的地块，更应注意对该地块的田间管理，保持良好的土壤墒情，提高作物自身的抵抗能力。

附录

橡胶树
新发现病害

橡胶树新发现病害是近年来云南省热带作物科学研究所橡胶树病害研究团队在橡胶树病害普查中发现的、目前国内尚无报道的病害。在我国植胶区，这些橡胶树新发现病害可能很早就存在，但是由于为害轻，或只是零星发生而未被发现。

一、橡胶树链格孢叶斑病

1. 分布与为害

1947 年在墨西哥首次报道了由链格孢属（*Alternaria* sp.）引起的橡胶叶斑病，2006 年在印度报道了由链格孢（*Alternaria alternata*）引起的橡胶叶斑病。2013 年，云南省热带作物科学研究所橡胶树病害研究团队最先在云南省河口红河热带农业科学研究所的增殖苗圃发现链格孢引起的橡胶树叶斑病。随后在西双版纳、临沧、德宏的苗圃地均发现有该病原菌为害。目前，此病尚未在开割胶树上发现。

2. 为害症状

受害叶片上有许多黑色、圆形、稍向下凹陷的点状病斑，病斑直径为 0.1~0.4 mm，病斑周围有黄色晕圈。与尖孢炭疽菌引起的症状很相似，但尖孢炭疽菌为害橡胶叶后在受害部位形成点状、向上的凸起（附录图 1）。

附录图 1-1　橡胶树链格孢叶斑病的典型症状：点状的、略向下凹的点状斑、病斑外有黄色晕圈

附录图 1-2　感染链格孢病的橡胶叶

附录图 1　橡胶树链格孢叶斑病田间为害症状

3. 病原物

分类地位：病原菌为链格孢（*Alternaria alternata*）和橡胶链格孢（*Alternaria heveae*），属于半知菌亚门，丝孢纲，丝孢目，暗色菌科，链格孢属。

形态特征：*Alternaria alternata* 分生孢子梗淡褐色，直或稍弯曲。分生孢子 3~6 个串生，梭形、椭圆形、卵形、倒棒状，形状不一致，褐色至淡褐色，无喙或喙短，喙长不超过孢子的 1/3，分生孢子光滑或具瘤，孢痕明显，大小为（22.5~68.0）μm×（10.0~15.0）μm，具横隔膜 3~6 个，多为 4~5 个，隔膜处缢缩，纵隔膜 0~3 个。喙大小为（0~20.8）μm×（0~5.2）μm，分隔数 0~1 个。在病组织上分生孢子梗单生或 3~4 根丛生，淡褐色至褐色，顶端细胞色淡或上下色泽均匀，多屈膝状，少数直，不分枝或少有不规则分枝，孢痕明显，基细胞膨大，具 2~8 个分隔（附录图 2）。

附录图 2-1　橡胶树链格孢病原菌菌落图

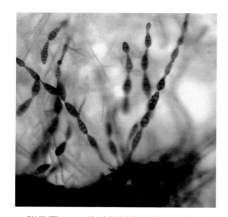

附录图 2-2　橡胶树链格孢的分生孢子

附录图 2　橡胶树链格孢叶斑病病原菌的菌落形态和分生孢子

Alternaria heveae 分生孢子梗单生或簇生，分枝或不分枝，淡褐色，分隔，屈膝状弯曲，分生孢子单生或短链生，淡青褐色至褐色，椭圆形或倒棒状，大小为（22.7~49.5）μm×（8.0~20.0）μm，具横隔膜 4~9 个，纵、斜隔膜 0~3 个，喙淡色，分隔或不分隔，大小为（5.0~27.5）μm×（2.0~4.0）μm。

4.发生流行条件

病菌以菌丝体和分生孢子在病残体上或随病残体遗落土中越冬，翌年产生分生孢子进行初侵染和再侵染。该菌寄生性虽不强，但寄主种类多，分布广泛，在其他寄主上形成的分生孢子。一般橡胶树嫩叶易染病，雨季或管理粗放、植株长势差，利于该病扩展。

5.防治方法

加强栽培管理，及时清除并销毁重病叶。发病初期用65%代森锌可湿性粉剂600倍液或25%多菌灵可湿性粉剂500倍液防治，每隔7~10天喷1次，连续喷3~4次。

二、狗尾草平脐蠕孢叶斑病

1.分布与为害

2015年，狗尾草平脐蠕孢病害首次在云南省景洪农场天然橡胶良种繁育基地的增殖苗发现。随后在勐满农场种植2年的橡胶幼林上也发现，并且该病原菌与炭疽菌和链格孢属真菌复合侵染橡胶叶，形成不规则、大小不一、粉红色、纸质状的叶斑，后期病斑中央穿孔。

2.为害症状

为害症状与橡胶树麻点病的相似。叶片感病后，最初出现黄色小斑点，随后扩展到直径1~3 mm的圆形或近圆形褐色斑点，外围有黄晕。与橡胶树麻点病不同的是，未发现该病害后期病斑中央呈灰白色，略透明，边缘褐色（附录图3）。

附录图 3　橡胶树狗尾草平脐蠕孢叶斑病田间为害症状

3. 病原物

分类地位：病原菌为狗尾草平脐蠕孢 [*Bipolaris setariae*（Saw.）Shoem]，属于半知菌亚门，丝孢纲，丝孢目，暗色菌科，平脐蠕孢属。

形态特征：分生孢子梗单生或簇生，浅褐色至褐色，顶端色淡，多个隔膜，上部常作屈膝状弯曲，宽为 5.5~9.5 μm。分生孢子浅黄褐色至黄褐色，多数呈纺锤形，常略弯曲，极少直，光滑，5~9 个假隔膜，（48~70）μm×（10~14.5）μm。脐部略突出，基部平截（附录图 4）。

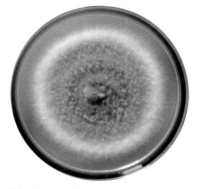

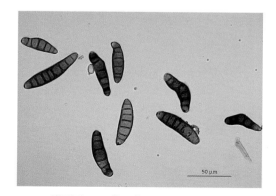

附录图 4-1　狗尾草平脐蠕孢菌落形态　　　　附录图 4-2　狗尾草平脐蠕孢分生孢子

附录图 4　橡胶树狗尾草平脐蠕孢叶斑病病原菌的菌落形态和分生孢子

4. 发生流行条件

病菌以菌丝体在病残体或附在种子上越冬，成为翌年初侵染源。病斑上的分生孢子在干燥条件下可存活 2~3 年，潜伏菌丝体能存活 3~4 年，菌丝翻入土中经一个冬季后失去活力。分生孢子可借助气流、风雨传播，萌发菌丝直接穿透侵入或从气孔侵入，条件适宜时很快出现病症并形成分生孢子，借风雨传播进行再侵染。菌丝生长最适温 24~30℃，分生孢子形成最适温 30℃。萌发最适温 24~30℃。

5. 防治方法

药剂防治抓住关键时期，适时用药。发病初期喷洒 20% 三环唑（克瘟唑）可湿性粉剂 1 000 倍液或用 40% 稻瘟灵（富士一号）乳油 1 000 倍液、50% 多菌灵或 50% 甲基硫菌灵可湿性粉剂 1 000 倍液。上述药剂也可添加 40 mg/kg 春雷霉素或展着剂效果更好。连续防治 2~3 次。

三、橡胶树干褐斑病

1. 分布与为害

橡胶树褐斑病是近年来发现的一种真菌病害，主要危害橡胶树的茎干和基部，造成橡胶树皮层和木质部坏死。病害发生严重的林段导致橡胶树产量大幅下降，在基部感病易导致橡胶树死亡。云南省植胶区均有分布。

2. 为害症状

茎干感病病状：树干出现黄褐色蜜露状分泌物，分泌物干后呈褐色或深褐色，感病部位树皮与周围树皮外观无明显差异，用刀刮开有分泌物部位树皮，可见树皮呈浅褐色水渍状（初期）或褐色（后期）坏死病变，树皮病健交界处清楚，经过旱季后有的病变组织与健康组织分离。感病后期会有小蠹虫入蛀树干。

基部感病病状：初期橡胶树基部出现黄褐色斑点，不容易发现。随病情发展，橡胶树感病一侧枝条枯死，然后逐渐扩展至整株。刮开感病部位树干的粗皮层，可见树皮呈现浅褐色水渍状（初期）或褐色（后期），用刀砍开病皮，可看到木质部已变色，有的病皮下有白色块状凝胶。重病植株立枯、死亡，叶片不脱落。感病后期会有小蠹虫入蛀树干（附录图 5）。

附录图 5-1 受害树干部有褐色或深褐色的分泌物　　附录图 5-2 刮开受害剖树杆表皮，病部呈红褐色坏死

附录图 5　橡胶树茎干褐斑病田间为害症状

3. 病原物

分类地位：病原菌为假毛丛赤壳真菌（*Nectria pseudotrichia* Berk. & M. A. Curtis）属于子囊菌亚门，核菌纲，球壳菌目，丛赤壳科，丛赤壳属。

形态特征：在 PDA 培养基上，产浅红色色素，孢子梗不分枝，直立、近圆柱形，顶部渐尖；分生孢子聚集呈头状，椭圆形，无隔、表面平滑，无色、大小（附录图 6）；子囊壳散生或聚生，表生、球形至近球形，无乳凸，表面具疣状物，干后顶部凹陷，新鲜时为橘红色或暗红色。

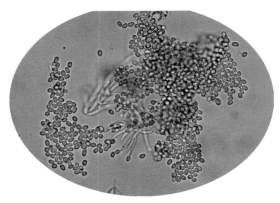

附录图 6-1　橡胶树茎干褐斑病病原菌菌落　　　　附录图 6-2　橡胶树茎干褐斑病病原菌的分生孢子

附录图 6　橡胶树茎干褐斑病病原菌的菌落形态和分生孢子

4. 发生流行条件

病原菌孢子通过气流、雨水、农事操作等进行传播。

5. 防治方法

病情严重的橡胶树，在旱季晴天用刀或者其他工具去除病变部位树皮，然后涂上配制好的药剂，隔 5~7 天再涂 1 次。1 个月后检查，未形成愈合伤口需再次进行处理，伤及木质部的，伤口愈合后则用沥青进行伤处涂封。

处理药剂：可选用 40% 多·福·溴菌清粉剂 400 倍液、50% 多菌灵粉剂 500 倍液、300 g/L 的苯甲丙环唑乳油 1 000 倍液或 430 g/L 戊唑醇悬浮乳剂 1 000 倍液。

参考文献

REFERENCE

蔡吉苗，陈瑶，潘羡心，等，2008. 海南橡胶树棒孢霉落叶病病情调查与病原鉴定 [J]. 热带农业科学（5）：1-7.

蔡志英，黄贵修，2011. 巴西橡胶树炭疽病研究进展 [J]. 西南林业大学学报，31（1）：89-93.

蔡志英，李加智，何明霞，等，2009. 三种热雾剂对橡胶炭疽病大田防治试验 [J]. 热带农业科技，32（3）：10-11.

蔡志英，林春花，时涛，等，2012. 橡胶树胶孢炭疽菌 T-DNA 插入突变体库构建及其致病缺陷转化子筛选 [J]. 微生物学通报，39（6）：773-780.

蔡志英，林春花，翟李刚，等，2013. 橡胶树重要品系对胶孢炭疽菌抗性评价 [J]. 植物保护，39（6）：110-115.

陈荃英，裴汝康，1979. 橡胶炭疽病的研究 [J]. 云南热作科技，（2）：29-34.

陈照，张欣，蒲金基，等，2007. 内吸性杀菌剂对橡胶白根病菌的室内毒力测定 [J]. 农药，46（9）：641-643.

邓军，曹建华，林位夫，等，2008. 橡胶树死皮研究进展 [J]. 中国农学通报，24（6）：456-461.

范会雄，李德威，黄宏积，等，1996. 橡胶树炭疽病发生流行规律及防治研究 [J]. 植物保护，22（5）：31-32.

方少钦，梁永禧，年冀，1998. 砖厂含氟废气对环境污染与健康的影响 [J]. 生态科学，17（2）：63-67.

冯淑芬，1989. 橡胶树黑团孢叶斑病病原菌、致病性及室内药物筛选试验 [J]. 热带作物学报（1）：69-76.

冯淑芬，李凤娥，何国麟，等，1992. 橡胶树黑团孢叶斑病发生规律及防治的研

究 [J]. 热带作物学报（2）：57-62.

冯淑芬，刘秀娟，王绍春，等，1998. 橡胶树炭疽病流行规律 [J]. 热带作物学报，19（4）：39-44.

冯淑芬，郑建华，李凤娥，1985. 橡胶树黑团孢叶斑病发生危害调查报告 [J]. 热带作物研究（3）：61-64.

符晓虹，郑育群，2014. 海南橡胶的气象灾害分析 [J]. 气象研究与应用，35（3）：54-57.

付志坤，2009. 除草剂药害产生原因及防治对策 [J]. 北方园艺（5）：170.

高宏华，李博勋，王秀全，等，2013. 橡胶树割面棕榈疫霉条溃疡防控药剂的筛选 [J]. 热带农业科学（9）：41-44.

高宏华，罗大全，黄贵修，2008. 巴西橡胶树棒孢霉落叶病概述 [J]. 热带农业科学，28（5）：19-24.

高秀兵，李增平，李晓娜，等，2010. 橡胶树几种根病的人工接种方法 [J]. 热带作物学报，31（4）：626-630.

郭大良，叶子健，1998. 燃煤砖窑废气对橘园的污染及预防 [J]. 中国南方果树（5）：20.

国家天然橡胶产业体系西双版纳综合试验站，2013. 西双版纳垦区 2012 年橡胶树季风性落叶病调研简报 [J]. 热带农业科技，36（2）：14.

郝秉中，吴继林，2007. 橡胶树死皮研究进展：树干韧皮部坏死病 [J]. 热带农业科学，27（2）：47-51.

何启华，肖永清，1980. 橡胶树割面条溃疡病流行规律及综合防治措施 [J]. 云南热作科技（3）：27-34.

胡迪琴，林原，梁永禧，1997. 砖厂氟污染对农作物、果树的影响分析 [J]. 广州环境科学，12（3）：36-39.

胡义钰，孙亮，袁坤，等，2016. 橡胶树死皮防治技术研究进展 [J]. 热带农业科学，36（4）：72-76.

黄贵修，2008. 巴西橡胶树棒孢霉落叶病 [M]. 北京：中国农业科学技术出版社.

黄贵修，2008. 橡胶树主要病害诊断与防治原色图谱 [M]. 北京：中国农业科学技术出版社.

黄贵修，2012. 中国天然橡胶病虫草害识别与防治 [M]. 北京：中国农业出版社.

黄文龙，王丙春，谢康美，2000.西双版纳的低温寒害及其减灾措施 [J].云南热作科技（1）：16-18.

黄雅志，刘昌芬，李知桥，1989.橡胶树紫根病危害特点及有效防治技术 [J].热带农业科技（4）：21-28.

蒋桂芝，王勇芳，郭顺云，等，2014.西双版纳橡胶树腐霉菌病害研究初报 [J].热带农业科技（4）：6-7.

阚丽艳，谢贵水，崔志富，等，2008.海南省部分农场橡胶树寒害情况浅析 [J].中国热带农业（6）：29-31.

阚丽艳.海南省部分农场2007/2008年冬橡胶树寒害情况浅析，2008.世界热带农业信息（11）：22-23.

蓝志南，张良海，林之佩，2010.百枯净虫线清防治橡胶树红褐根病试验初报 [J].中国热带农业（6）：54-55.

黎辉，朱智强，2011.海南西培农场橡胶树条溃疡病发生规律及防治经验总结 [J].热带农业工程，35（2）：15-16.

李明谦，2005.橡胶树新品种云研77-4云研77-2的抗寒性生理鉴定［J］.热带农业科技，28（2）：4-6.

李艺坚，刘进平，2015.橡胶树死皮病种类、病因及防治的研究进展 [J].热带生物学报，6（2）：223-228.

连士华，1984.橡胶树风害成因问题的探讨 [J].热带作物学报（1）：59-72.

林梅馨，杨汉金，1994.橡胶树低温伤害的生理反应 [J].热带作物学报，15（2）：7-11.

刘一贤，石兆武，余守宽，等，2015.橡胶链格孢叶斑病病原菌生物学特性研究 [J].湖北农业科学（17）：4195-4198.

龙广宇，1998.橡胶树病害诊断与防治专家系统 [D].海口：华南热带农业大学，海南大学.

罗春华，曲颖，李文建，等，2015.中国主要植胶区橡胶树死皮发生现状及田间分布形式研究 [J].核农学报，29（7）：1316-1322.

罗卓军，吴少伟，郭培照，等，2011.十三吗啉防治橡胶树根病效应总结 [J].中国热带农业（1）：58-59.

莫延辉，黄俊生，张影波，等，2009.橡胶不同品种抗寒性综合鉴定 [J].热带作物学报，30（5）：637-643.

农牧渔业部农垦生产处，1985.中国橡胶树病虫图谱 [M].北京：中国农业出版社.

裴汝康，黄雅志，1981.云南橡胶黑团孢属叶斑病调查初报 [J].云南热作科技（3）：57-59.

裴汝康，黄雅志，刘昌芬，1985.橡胶黑团孢属叶斑病及其防治的研究 [J].植物保护学报（4）：281-282.

邵志忠，周建军，陈积贤，等，1996.橡胶树白粉病流行速度研究 [J].云南热作科技，19（4）：2-12.

苏海鹏，龙继明，罗大全，等，2011.云南橡胶树死皮病发生现状及田间分布研究 [J].云南农业大学学报，26（5）：616-620.

覃姜薇，余伟，蒋菊生，等，2009.2008 年海南橡胶特大寒害类型区划及灾后重建对策研究 [J].热带农业工程，33（1）：25-28.

王凤杰，潘华，2015.常见除草剂药害产生的原因 [J].现代农业（3）：64.

王红华，金玉棋，赵煜等，2000.砖厂排放的氟对周围果树的污染及防治对策 [J].农业环境与发展，2（64）：46-47.

王树明，陈积贤，白建相，等，2005.云南东部垦区 2004/2005 年橡胶寒害调查报告 [J].热带农业科技（4）：22-26.

王险峰，范志伟，胡荣娟，等，2009.除草剂药害新进展与解决方法 [J].农药，48（5）：384-388.

王兆振，毕亚玲，丛聪，等，2013.除草剂对作物的药害研究 [J].农药科学与管理，34（5）：68-73.

王真辉，袁坤，陈邦乾，等，2014.中国主要植胶区橡胶树死皮发生现状及田间分布形式研究 [J].热带农业科学（11）：66-70.

吴春华，白先权，唐文浩，等，2002.氟化物熏气对橡胶叶碳代谢的某些影响 [J].热带作物学报，23（1）：24-29.

希尔顿，周郁文，李芳，1964.橡胶绯腐病 [J].世界热带农业信息（3）：19-23.

席与烈，1975.橡胶树的风害和修枝 [J].世界热带农业信息（1）：7-13.

肖永清，1985.西双版纳垦区橡胶树季风性落叶病发生规律研究初报 [J].云南热作科技（2）：5-12.

肖永清，1990. 改革橡胶树条溃疡病防治制度 [J]. 热带农业科技（1）：13-17.

肖永清，杨雄飞，李家智，1992. 橡胶树季风性落叶病的发生和预测预报 [J]. 云南热作科技（2）：7-10，29.

许闻献，冯金桂，1982. 橡胶树死皮病斑隔离恢复采胶研究初报 [J]. 热带农业科学，（2）：16-18.

杨雄飞，1981. 西双版纳垦区的橡胶季风性落叶病 [J]. 云南热作科技（2）：54-59.

于雨生，2009. 除草剂产生药害的原因和防治技术 [J]. 天津农业科学，15（2）：89-90

余春江，周亚萍，2014. 橡胶树季风性落叶病的危害及防治 [J]. 中国农业信息，（12S）：56.

云南热区寒害专业调研组，2001. 云南省热区 1999/2000 年冬热带作物寒（冻）害调研报告 [J]. 热带农业科技（A07）：1-17.

云南省农垦局，云南省热带作物学会，2008. 云南省主要热带作物病虫害诊断与综合防治原色图谱 [M]. 昆明：云南民族出版社 .

张欣，陈勇，谢艺贤，等，2007. 橡胶树白根病的鉴别与防治 [J]. 植物检疫，21（2）：122-124.

张勇，李芹，王树明，等，2015. 滇东南植胶区 2013/2014 年冬春橡胶树寒害调研报告 [J]. 热带农业科学（2）：54-59.

中国农业科学院植物保护研究所，中国植物保护学会，2015. 中国农作物病虫害（3 版）[M]. 北京：中国农业出版社 .

周会平，原慧芳，龙云锋，等，2012. 砖厂废气污染对橡胶树光合生理特性的影响 [J]. 生态环境学报，21（2）：303-307.

邹智，杨礼富，王真辉，等，2012. 橡胶树"死皮"及其防控策略探讨 [J]. 生物技术通报（9）：8-15.

AM Tan，林位夫，1993. 橡胶树棒孢菌落叶病普查初报 [J]. 热带作物译丛，（2）：5-6.

Chee K H，张开明，1975. 马来西亚的橡胶季风性落叶病 [J]. 热带作物译丛（5）：13-17.

Liyanage GW，张开明，1982. 橡胶白根病木硬孔菌的变异性和致病性 [J]. 世界热带农业信息（1）：22-26.

Nandris D，Moreau R，Pellegrin F，等，2005. 橡胶树树皮坏死：症状学、病原学、流行病学方面的发展和树干生理病症的发因 [J]. 热带农业科技，28（3）：1-9.

Peries，张开明，1980. 论天气和胶树叶病的关系 [J]. 世界热带农业信息（2）：14-17.

Thanbamma L，张开明，1981. 链霉素对橡胶季风性落叶病的防效 [J]. 热带作物译丛（2）：25-26.

TM Lime，曹秋文，1985. 用热雾法防治橡胶叶病 [J]. 世界热带农业信息（1）：25-26.

Awoderu V A, 1969. A new leaf spot disease of para rubber (*Hevea brasiliensis*) in Nigeria[J]. Plant Disease Reporter, 53(5)：406-408.

Brown A E, Soepena H, 1994. Pathogenicity of *Colletotrichum acutatum* and *C. gloeosporioides* on leaves of *Hevea* spp.[J]. Mycological Research, 98(2)：264-266.

Cai Z Y, Liu Y X, Huang G X, et al, 2014. First report of *Alternaria heveae* causing black leaf spot of rubber tree in China[J]. Plant Disease, 98(7)：10-11.

Cai Z Y, Liu Y X, Li G H, et al,2015. First report of *Alternaria alternata* causing black leaf spot of rubber tree in China[J]. Plant Disease (99)：290.

Dung P T, Hoan N T, 2003. *Corynespora* leaf fall on rubber in Vietnam, a new record[M]. In:Chen Q B, Zhou J N. Proceedings of IRRDB Symposium 1999. Haikou：Hainan Publishing House：273-275.

Dung P T，1995. Studies on *Corynespora cassiicola* (Berk & Curt.) Wei.on rubber. Thesis in plant Protection (Extension and Development Division)[D]. Malaysia: University of Putra.

Gobina M S, Achuo E A, Chuba P N, 1999. Field evaluation of hevea clones for leaf disease resistance[C]. In: Proceedings of IRRDB Symposium：91-106.

Guyot J, Omanda E N, Ndoutoume A, et al, 2001. Effect of controlling *Colletotrichum* leaf fall of rubber tree on epidemic development and rubber production[J]. Crop Protection, 20(7)：581-590.

Hashim I, Indran J, 2003. Occurrence and identification of physiological races of *Corynespora cassiicola* of Hevea. In: Chen QB, Zhou JN. Proceedings of IRRDB Symposium 1999[M]. Haikou：Hainan Publishing House：263-272.

Jayasinghe C K, Fernando T H P S, Priyanka U M S, 1997. *Colletotrichum acutatum* is the main cause of *Colletotrichum* leaf disease of rubber in Sri Lanka[J]. Mycopathologia, 137：53-56.

Jean Guyot, Edith Ntawanga Omanda, Fabrice Pinard,2005. Some epidemiological investigations on *Colletotrichum* leaf disease on rubber tree[J]. Crop Protection (24)：65-67.

Jayasinghe C K, 1997. Leaf fall disease a threat to world NR industry[J]. Rubber Asia, 11(6)：55-56.

Jayasinghe C K, 2007. Disease scenario of the rubber tree: history and current status[C]. In: International Rubber Conference, Siem Reap, Cambodia：465-471.

Liu Y X, Shi Y P, Deng Y Y, et al,2016. First report of leaf spot caused by *Bipolaris setariae* on rubber tree in China[J]. Plant Disease, (100)：1240.

Ogbebor O N, Omorusi V I, Evueh G A, 2007. The current status of three common leaf disease of para rubber in Nigeria: Preliminary Investigations[C]. In: International Rubber Conference, Siem Reap, Cambodia：513-515.

Ogbebor O N, Adekunle A T, Eghafona O N, et al, 2015. Biological control of *Rigidoporus lignosus*, in *Hevea brasiliensis*, in Nigeria[J]. Fungal Biology, 119(1)：16.

Zheng F C, 2007. General situation of disease on rubber trees in China[C]. In: International Rubber Conference, Siem Reap, Cambodia：516.

Zainuddin R N, Omar M, 1988. Influence of the leaf surface of Hevea, on activity of *Colletotrichum gloeosporioides*[J]. Transactions of the British Mycological Society, 91(3)：427-432.